全圖超解析！
設計師的16堂
手作包基礎課
Eileen Handcraft
手作言究室

全圖超解析！

設計師的16堂
手作包基礎課

Eileen Handcraft

手作言究室

全圖超解析！

設計師的 16堂 手作包基礎課

實用配色技巧＋基礎技法＋製包重點，初學者完整實作指南

Eileen手作言究室◎著

讓自己也能成為生活中的設計師

本書是專以手作初學者的角度設計的基礎製包教學書，從第1堂課，介紹簡單不用紙型就可以製作的包款開始，一步步帶著大家了解基本縫紉概念，接著進入第2堂課——車縫截角，第3堂課——摺袋底的技巧等，本書共設計了16堂課，從中帶入穿繩技巧、車縫弧度、滾邊、舖棉壓線，製作袋蓋，自製提把&斜背帶……等，以簡單的作品實作呈現，帶領初學者學習手作包的基本技巧，體驗手作的魔法及魅力，讓自己也能成為生活中的設計師，展現自我風格。

建議大家可將書中的作法尺寸自行放大縮小，嘗試多種不同的色彩搭配，以此方式練習，相信會有更好的學習效果。

感謝雅書堂文化詹老闆與編輯團隊的支持與用心，The cozy 樂可布品謝老闆、隆德貿易呂老闆的協助，讓我能夠完成第二本書的出版。

期盼本書能在您的學習手作的過程中有所幫助，對我而言就是最大的鼓勵，希望本書能讓您喜歡手作，並從中獲得滿足。

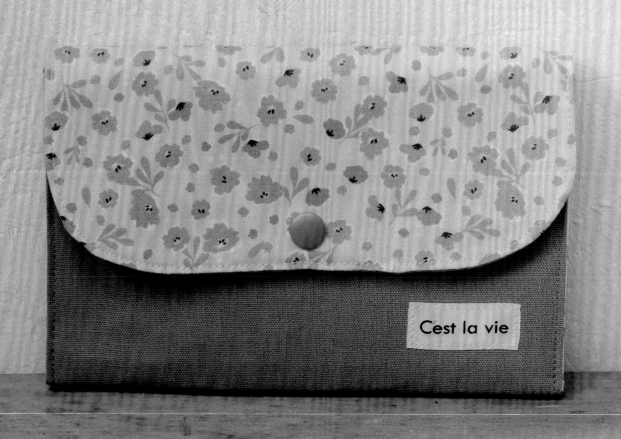

作者簡介
Eileen手作言究室　蘇怡綾

日本手藝普及協會手縫證書班指導員
瑞士BERNINA機縫證書班第一屆講師
瑞士BERNINA NSP國際縫紉講師
曾任布能布玩迪化店店長

2022年出版著作

《簡約至上！設計師風格帆布包：手作言究室的製包筆記》
2023年11月亞洲手創展《Eileen手作言究室》品牌參展

f 粉絲專頁　Eileen手作言究室
f 社團　美好手作生活社群
O yhandmade10

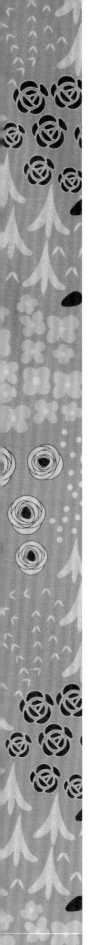

作者序

讓自己也能成為生活中的設計師…… P.2

Contents

前言
認識韓國布

本書使用的布料為韓國布料，其特色為輕薄，很適合作衣服，或是軟包。韓國棉布、棉麻材質布料，屬於天然植物纖維，具有吸汗、透氣等特性，常用於製作嬰幼兒布品、洋裁、袋物、傢飾布置，洗滌方式以手洗、機洗皆可，避免長時間泡水、烘乾。

若喜歡製作較軟的包款，韓國布是很好的選擇。若想要包包較為硬挺有型，可在表布加上厚布襯或舖棉製作，本書作品大部分的表布都為韓國花布，貼上厚布襯、裡布搭配棉麻布+厚襯，讓包包都能較有挺度。

使用韓國布料製作袋物時，建議可搭配稍厚的棉布作為內裡，布襯則依個人喜好選用，常用布襯為中統520粒膠布襯，如需要較挺的手感，可以選用702SF中挺襯、2000F輕挺襯、720挺襯。也可將裡布採用較厚的棉麻布或帆布搭配。

韓國布料的花色清新柔美，不需過度複雜的包款，即能展現質感，製作小物、小包，都能展現自己的風格及美感。

■本書使用布料提供／The Cozy樂可布品

■ 不需要紙型的入門基礎包

Lemon soda 基本款方包

不需要紙型,最基本的簡易包款,推薦給想要入門的初學者製作,
可自由選擇是否加上布襯增加挺度,此件作品的作法示範為有燙襯的版本。

內部作有磁釦設計,⋯⋯⋯
增加實用度。

以同款配色作成的收納夾及方包套組。

● 布料運用・棉布（蜂蜜檸檬）
　　　　　　　仿古棉布（19鋼青色）

● 作品尺寸・36cm×28cm

● How to make・P.10 - P.13

最簡單且容易的配色法，就是先看看表布花色內，有些什麼顏色。在這塊花布裡，同時具有黃色及藍色，若選擇同色系的黃色製作提把，雖然協調，但卻覺得有些平淡。選擇藍色作為提把的主色調，使其呈現明顯對比，就能讓人眼睛為之一亮！

仿古棉布（19鋼青色）

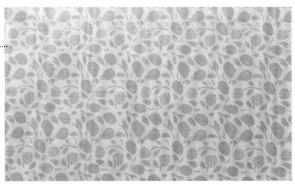

棉布（蜂蜜檸檬）

製作這款包，
可以學到縫製提把的
技巧&底角如何翻得漂亮！

B a s i c

- 使用布料：表布－棉布（蜂蜜檸檬）、提把布－仿古棉布（19鋼青色）、
  裡布－水洗帆布（01白色）
- 使用材料：磁釦1組
- 縫份說明：原寸，紙型縫份請外加1cm。
- 裁布說明：表布2片、裡布2片、提把布4片。
  作法裁布尺寸已含縫份1cm。
- 作品完成尺寸：36cm×28cm

How to make

袋身表布　　袋身表布

1 依尺寸38cm×30cm裁剪袋身表
布2片。裁36cm×28cm布襯2片，
將布襯燙在表布背面。

袋身裡布　　袋身裡布

2 依尺寸38cm×30cm裁剪袋身裡
布2片。裁36cm×28cm布襯2片，
將布襯燙在裡布背面。

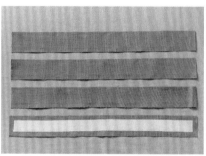

3 依尺寸4.5cm×42cm裁剪提把布4
片，布襯2.5cm×40cm4片，將布襯
燙在提把布背面。

4 將縫份往內摺燙1cm，共完成4條。

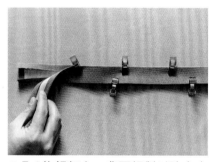

5 取2條提把布，背面相對以強力夾
固定。

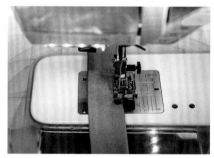

6 車縫提把布兩側。

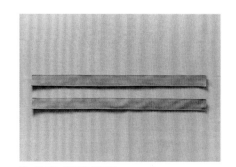

7 共完成2條提把。

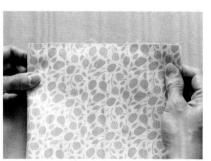

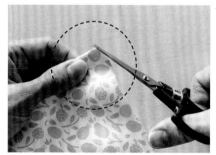

8 將袋身表布對摺，以剪刀剪一刀，取中心點。

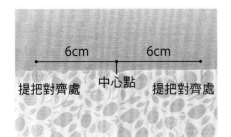

6cm　6cm
提把對齊處　中心點　提把對齊處

9 在中心點向左及向右6cm處，各別畫上提把對齊處的記號。

10 將步驟7完成的提把，依步驟9畫的記號線，固定於袋身表布上。

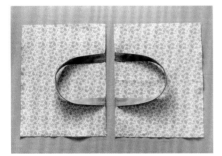

11 完成2片袋身表布。

12 將袋身表布2片正面相對，以強力夾固定。

袋身表布
(背面)

13 車縫ㄩ型。

Point

使底角完美
翻出的方法

以此作法可使翻出的底角平整又好看！

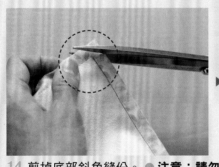

14 剪掉底部斜角縫份。 ● 注意：請勿剪到線。

15 如圖將兩側縫份摺起。

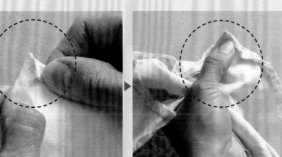

16 以手指頂著底角，將袋身表布翻出。

17-1 整理底角布。

17-2 以錐子將布挑出。

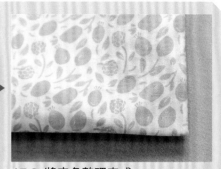

17-3 將底角整理完成。

18 表袋身完成。

19-1 於袋身裡布上畫出中心點記號。

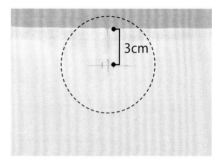

3cm

19-2 標示磁釦記號。

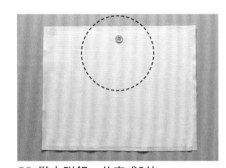

20 裝上磁釦,共完成2片。
● 磁釦安裝方法請參考 ▶ P.116。

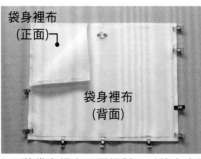

袋身裡布
(正面)

袋身裡布
(背面)

返口

21 將袋身裡布正面相對,以強力夾固定。車縫ㄩ型一側需留返口。

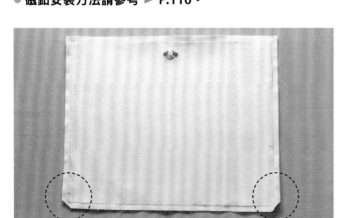

22 修剪底角多餘縫份,裡袋身完成。

裡袋身(背面)

23 將表袋身套入裡袋身。

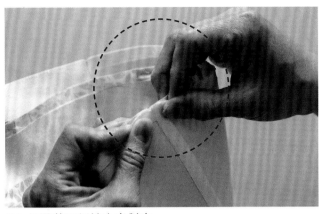 

24　如圖將兩側接合處對齊。

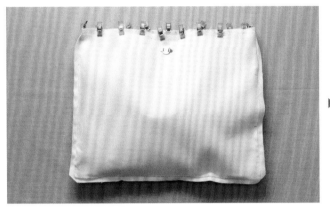 

25　袋口以強力夾固定，車縫一圈。

26　將表袋身從返口拉出。

27　整燙袋身及袋口。

28　縫合返口。
● 返口縫合方法請參考 ▶ P.111。

29　袋口壓線一圈，作品完成。

Basic
Lesson
2

■ 可學習簡易拼接的撞色方包

水蜜桃戀曲・拼接款方包

選用可愛的水蜜桃印花布，以表布配色呈現撞色及圖案，
打造個人風格，展現自我設計美感，是一款可學習簡易拼接作法的方包。

以車縫截角的方式，
增加袋物的容量，
使其更耐用。

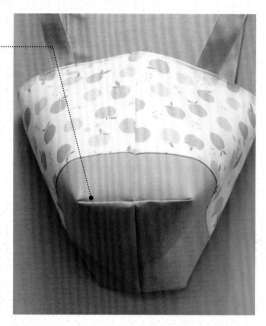

配色時，可將主體布切割，上半部選擇花布，下半部則使用素色布，或者是反過來運用也沒問題，因為印花是水蜜桃圖案，特別選了綠色素布搭配，營造春天的感覺。

- 布料運用・棉布（水果派對—水蜜桃，白色）
  輕柔棉麻（芥末綠）
- 作品尺寸・20cm×30cm×10cm
- How to make・P.16 - P.19
- 紙型・A面

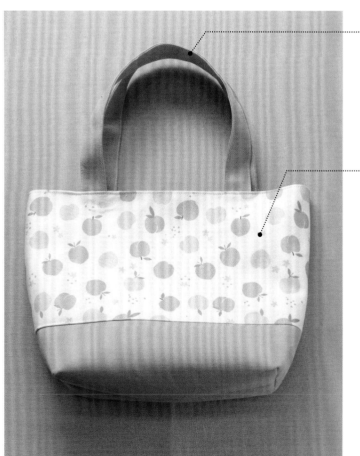

輕柔棉麻（芥末綠）

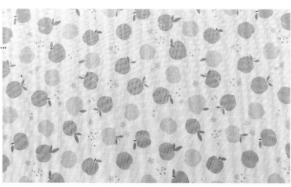

棉布（水果派對—水蜜桃，白色）

製作這款包，可學習到配色變化＆車縫截角的製包技巧。

Basic

● 使用布料：表布－棉布（水果派對-水蜜桃，白色）、配色布－輕柔棉麻（芥末綠）、裡布－水洗帆布（01白色）、棉布（清新格紋，駝色）
● 縫份說明：原寸，紙型縫份請外加1cm。
● 裁布說明：表布 1尺、裡布1尺、配色布1尺。
作法裁布尺寸已含縫份1cm。
● 作品完成尺寸：20cm×30cm×10cm

How to make

1 依紙型裁剪袋身表布A 2片。需燙布襯（襯不含縫份）

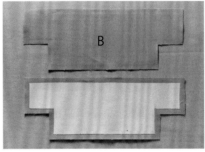

2 依紙型裁剪袋身表布B 2片。需燙布襯（襯不含縫份）

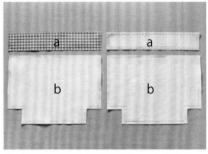

3 依紙型裁剪袋身裡布a、b各2片，需燙布襯（襯不含縫份）

4 將袋身表布A與袋身表布B，正面相對以強力夾固定後，進行車縫。

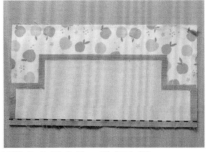

5-1 以熨斗將接合處整燙。

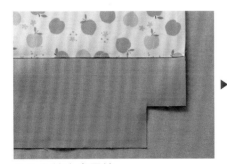

5-2 在接合處壓線。

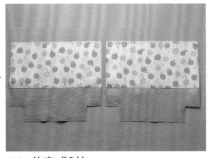

5-3 共完成2片。

6 袋身裡布a與袋身裡布b，正面相對以強力夾固定後，進行車縫。

7 與步驟5相同作法，以熨斗將袋身裡布接合處整燙後，進行壓線，完成2片。

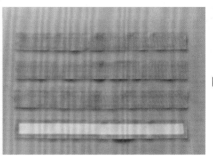

8 製作提把：依尺寸4.5cm×38cm裁剪提把布4片、布襯2.5cm×36cm4片。將布襯燙於提把布背面，並將縫份沿著襯的邊緣向內燙，共完成4條。

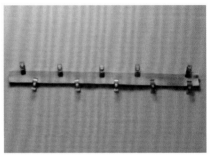

9 取2條提把布，背面相對以強力夾固定。

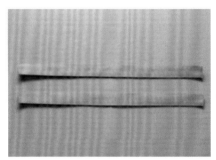

10 車縫兩側，共完成2條。

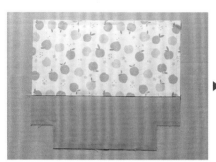

11-1 在完成的步驟5上取中心點。

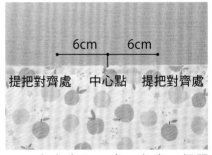

11-2 在左右6cm處，各畫一個記號。

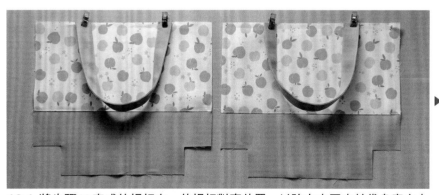

12-1 將步驟10完成的提把布，依提把對齊位置，以強力夾固定於袋身表布上。

12-2 車縫提把，完成2組。

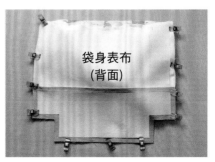

13 將袋身表布兩片正面相對，以強力夾固定。

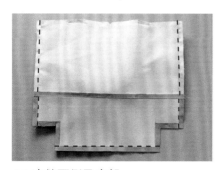

14 車縫兩側及底部。

車縫截角的方法

車縫截角前，先將縫份燙開，可更容易對齊，縫份處也更加平整！

Point

15 將兩側及底部縫份燙開。

16 如圖將截角處對齊後，以強力夾固定。

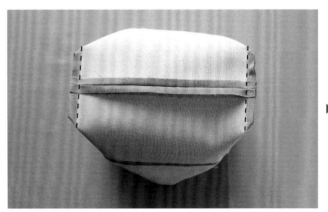

17 車縫截角後，翻至正面，即完成表袋身。

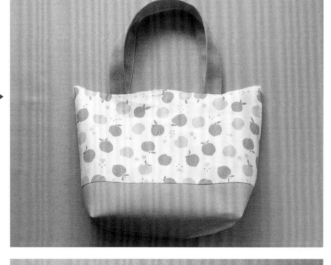

袋身裡布
（背面）

18 將步驟7袋身裡布2片正面相對，以強力夾固定。

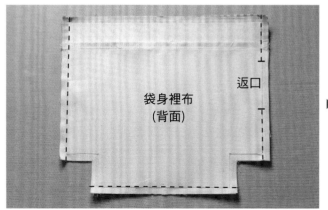

袋身裡布
（背面）

返口

19 車縫兩側及底部，並於一側留返口。

18

20-1 將截角處對齊。

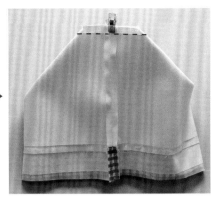

20-2 以強力夾固定後,車縫。

20-3 完成裡袋身。

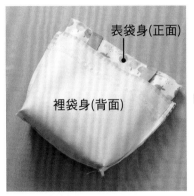

表袋身(正面)

裡袋身(背面)

21-1 將表袋身套入裡袋身。

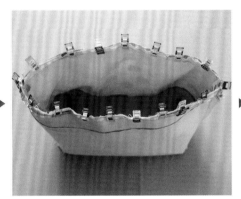

21-2 袋口以強力夾固定。

21-3 袋口車縫一圈。

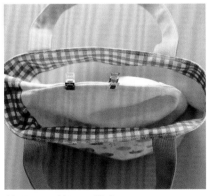

22 將表袋身從裡袋身返口翻出後,稍作整燙,再將返口縫合。

23 袋口壓線一圈,即完成作品。

■ 以袋底摺布設計作出包款變化 ❶
趣味印花・袋底變化包

以拼接感的圖案布製包,有趣之處就是每次取的圖案都不同,
簡易的布包,只要加上袋底摺布變化,就能提升手作包的設計樂趣。

袋底的摺布變化,使包包的外觀立即有型。

● 布料運用・棉布（Neutral Soft 15 Patch）
● 作品尺寸・36cm×30cm×10cm
● How to make・P.22 - P.24

使用拼接款的圖案布製包非常有趣，由於正反面的花色都不同，對於初學者而言，配色也相對簡單，只需思考取哪一個部分就ok。

棉布（Neutral Soft 15 Patch）

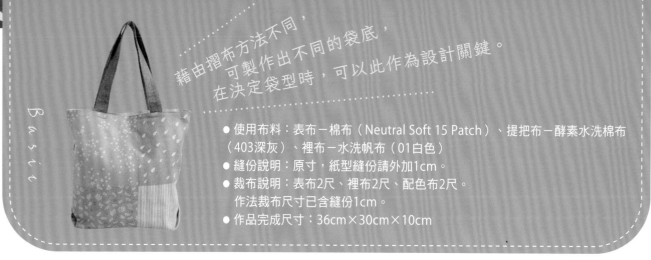

藉由摺布方法不同，
可製作出不同的袋底，
在決定袋型時，可以此作為設計關鍵。

- 使用布料：表布－棉布（Neutral Soft 15 Patch）、提把布－酵素水洗棉布（403深灰）、裡布－水洗帆布（01白色）
- 縫份說明：原寸，紙型縫份請外加1cm。
- 裁布說明：表布2尺、裡布2尺、配色布2尺。
  作法裁布尺寸已含縫份1cm。
- 作品完成尺寸：36cm×30cm×10cm

How to make

1 裁剪38cm×38cm袋身表布2片（需燙襯，襯不含縫份）。

2 裁剪38cm×38cm袋身裡布2片，不需燙襯。

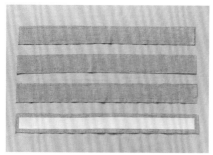

3 裁剪提把布6cm×50cm4條，布襯4cm×48cm 4條（需燙襯，襯不含縫份）。

4 將提把布縫份沿著襯的邊緣向內燙，共完成4條。

5 取2條提把布背面相對，以強力夾固定後，車縫兩側，共完成2條。

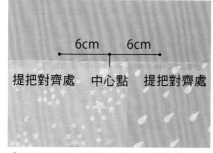

6cm　6cm

提把對齊處　中心點　提把對齊處

6 如圖袋身表布上取中心點後，左右6cm處各畫一個記號。

7-1 將步驟5完成的提把布，依提把對齊位置，以強力夾固定於袋身表布。

7-2 提把車縫完成。

  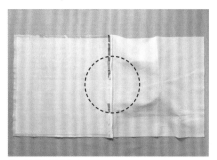

8 取袋身表布1片，與袋身裡布1片正面相對，以強力夾固定後車縫，共完成2片。

9 將縫份燙開。

 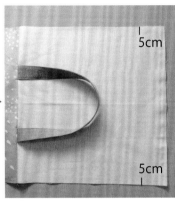 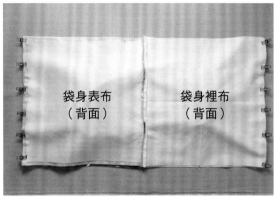

10 於袋身表布、袋身裡布下方5cm處畫上記號。

11 將步驟10正面相對，以強力夾固定後車縫（袋身表布對袋身表布，袋身裡布對袋身裡布）

5cm 5cm 5cm 5cm

袋身表布（背面）　袋身裡布（背面）

Point 以摺布技巧使袋底具有變化的方法

利用簡單的摺布技巧，
使袋底有不同變化，
讓包包更有設計感。

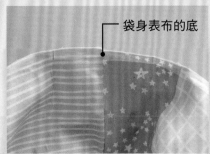 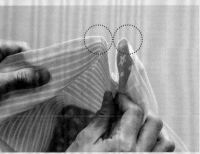 

袋身表布的底

12-1 如圖將袋身表布的底向內摺入。

12-2 將圈起的2個點對齊。

12-3 如圖將摺起處抓好。此處可先以強力夾固定，袋身裡布以相同方式完成。

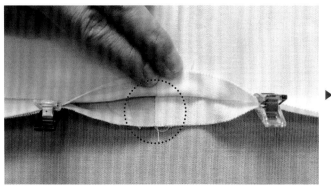

13-1 圈起處對齊。

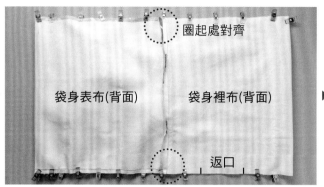

圈起處對齊

袋身表布(背面)　　　袋身裡布(背面)

返口

13-2 以強力夾固定兩側,於袋身裡布預留返口。

13-3 以強力夾固定時的底部示意圖。

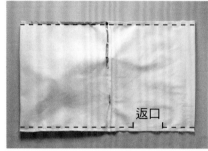

返口

14 車縫兩側。

15 將袋身表布從返口翻出。

16 整理袋身,縫合返口,袋口壓線一圈,即完成作品。

■ 以袋底摺布設計作出包款變化 ②
粉色漂浮系・袋底變化包

想作一款薄棉布適合的包，所以選擇無燙襯的方式製作，
搭配輕輕柔柔的粉色調圖案布，適合作為購物袋，摺放在包內，
不佔空間，非常實用。

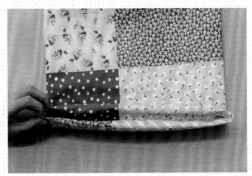

這款袋底摺法，使底部向內隱藏，讓包包在
展開及未展開的狀態會有不同的面貌，看似
扁平，放入物品後卻很耐裝。

配色
design
言究事

OK

● 布料運用・棉布（Neutral Soft 15 Patch）
● 作品尺寸・33cm×25cm×8cm
● How to make・P. 27 - P.29

這件作品與上一款包是相同的圖案布，但因為選擇的位置不同，可變換多種風格的配色，是初學者簡單又實用的布料選擇。

棉布（Neutral Soft 15 Patch）

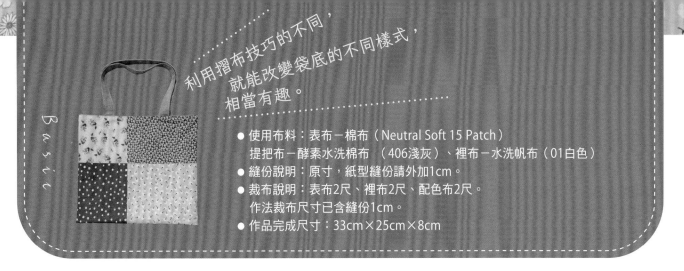

利用摺布技巧的不同，
就能改變袋底的不同樣式，
相當有趣。

Basic

● 使用布料：表布－棉布（Neutral Soft 15 Patch）
　提把布－酵素水洗棉布 （406淺灰）、裡布－水洗帆布（01白色）
● 縫份說明：原寸，紙型縫份請外加1cm。
● 裁布說明：表布2尺、裡布2尺、配色布2尺。
　作法裁布尺寸已含縫份1cm。
● 作品完成尺寸：33cm×25cm×8cm

How to make

1 裁剪35cm×35cm袋身表布2片。

2 裁剪35cm×35cm袋身裡布2片。

3 裁剪提把布6cm×47cm4條。

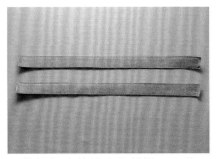

4 將提把布縫份向內摺燙1cm後，背面相對以強力夾固定車縫，共完成2條。

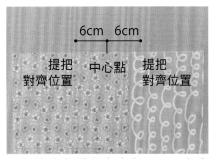

6cm　6cm

提把
對齊位置　中心點　提把
對齊位置

5 如圖中心點向左右各6cm，各畫一個記號。

6 將步驟4完成的提把布，依提把對齊位置固定於袋身表布。

袋身裡布
（正面）

袋身表布
（正面）

7 取袋身表布1片與袋身裡布1片正面相對，以強力夾固定後車縫。

8 翻至背面，將車縫接合處縫份燙開，共完成2片。

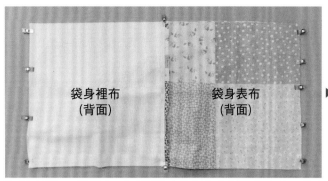 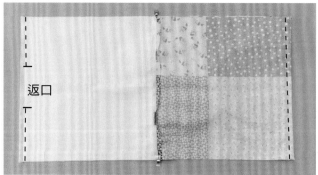

9 將步驟 8 2片袋身正面相對（袋身表布對袋身表布，袋身裡布對袋身裡布）以強力夾固定後車縫，袋身裡布需留返口。

Point

隨心所欲改變包子
袋底尺寸的方法

依個人想要的寬度，可更改記號數字，設計自己想要的包包底部大小。

 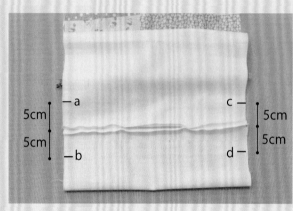

10 如圖在袋身裡布接合處上下作5cm記號。

  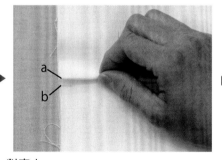

11-1 如圖將袋身裡布記號點a對齊b，c對齊d。

11-2 以強力夾固定。

 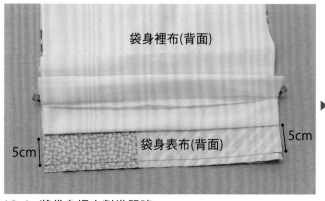

12 在袋身表布兩側畫上5cm記號。

13-1 將袋身裡布對準記號。

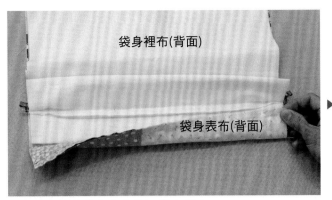

袋身裡布(背面)

袋身表布(背面)

13-2 如圖將袋身表布摺入袋身裡布。

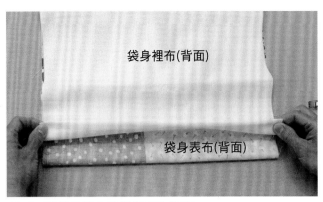

袋身裡布(背面)

袋身表布(背面)

13-3 將袋身裡布與袋身表布對齊。

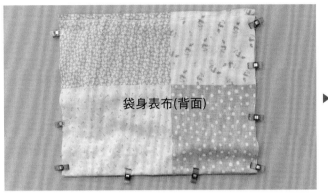

袋身表布(背面)

14 以強力夾固定兩側後車縫。

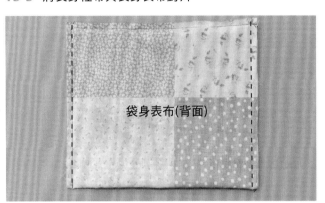

袋身表布(背面)

15 從返口將袋身表布翻出。

16-1 整理袋身，袋口進行壓線，並縫合返口，即完成作品。

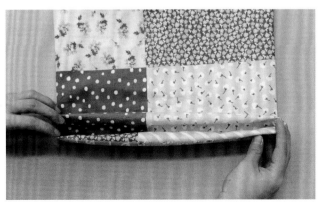

16-2 作品完成後的底部，會如同圖片呈現內凹的狀態。

學習穿繩方法製作簡易束口袋
祕密花園・輕巧束口袋

束口袋是非常適合初學者的入門款式，具有多種變化，
此款是尺寸較小的束口袋，可作為化妝包或收納雜物的隨身小包。

裡布以與表布印花相襯的珊瑚色搭配，使袋物
視覺不過於花俏。

束口處使用白色系的皮繩，打個蝴蝶結，增添
優雅氣息。

- 布料運用・棉布（百合）
  仿古棉布（10淺珊瑚紅）
- 作品尺寸・寬22cm×高15cm×底8cm
- 紙型・B面
- How to make・P.32 - P.34

由於這款束口包尺寸較小，選用小花圖案設計的印花布，是最不容易出錯的選擇，可充份展現布料的圖案，畫面又不會太過雜亂。

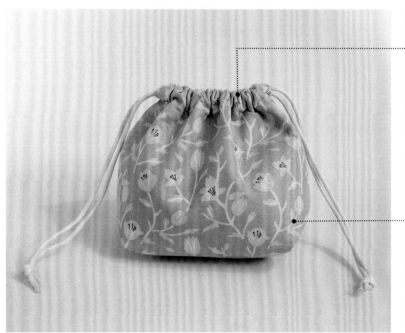

仿古棉布（10淺珊瑚紅）

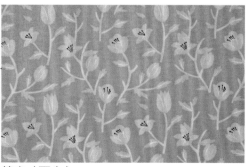

棉布（百合）

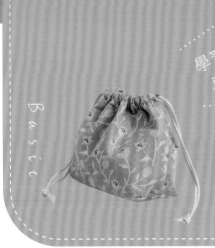

學習如何穿
束口繩的作法。

Basic

- 使用布料：表布－棉布（百合）、裡布－仿古棉布（10淺珊瑚紅）
- 使用材料：皮繩70cm 2條
- 縫份說明：原寸，紙型縫份請外加1cm。
- 裁布說明：表布1尺、裡布1尺。作法裁布尺寸已含縫份1cm。
- 作品完成尺寸：寬22cm×高15cm×底8cm
- 紙型・B面

How to make

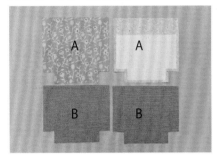

1 依紙型裁剪袋身表布A 2片（需燙襯）、袋身裡布B 2片（不需燙襯）

2-1 將袋身表布A正面相對，以強力夾固定。

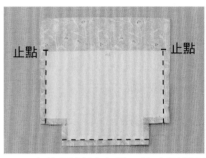

2-2 車縫兩側及底部，注意兩側只能車縫至止點處。

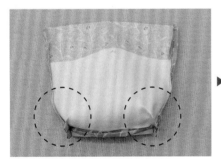

3-1 車縫截角。

3-2 翻至正面，即完成表袋身。

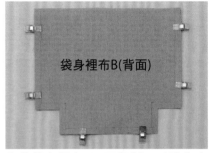

4 將袋身裡布B正面相對，以強力夾固定。

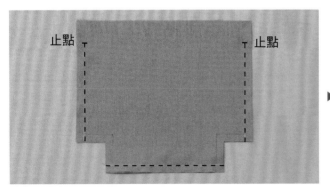

5-1 車縫兩側及底部，如圖兩側只能縫到止點。

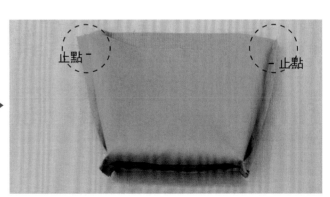

5-2 車縫截角，即完成裡袋身。

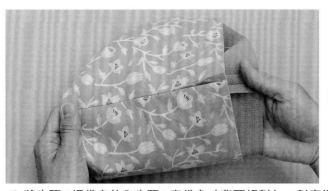 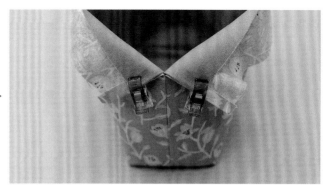

6 將步驟 5 裡袋身放入步驟 3 表袋身（背面相對），對齊裡袋身記號線。

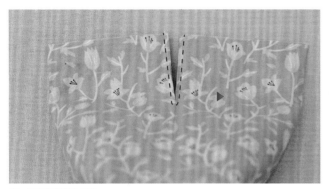 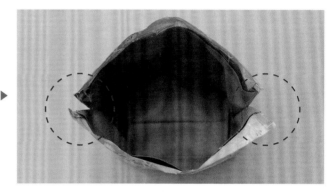

7 如圖車縫U型。

8-1 將表袋身向內摺，對齊裡袋身上緣後，再對摺一次，對齊車縫止點。

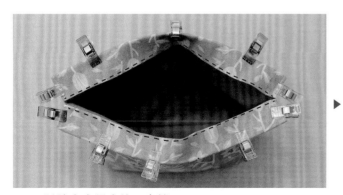 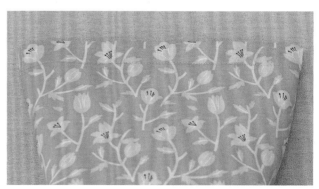

8-2 以強力夾固定後，車縫。

8-3 正面完成圖。

Point

使用穿帶器，
穿皮繩更方便

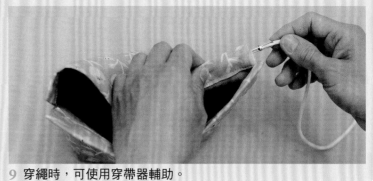

9 穿繩時，可使用穿帶器輔助。

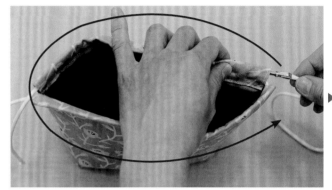

10 準備皮繩70cm 2條，先穿入1條皮繩

11-1 另一條皮繩則以反方向於另一側穿入皮繩。

11-2 穿繩完成圖。

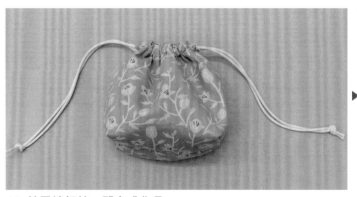

12 於尾端打結，即完成作品。

■ 將穿繩設計在中間段的變化款束口袋

甜蜜水果糖・束口收納包

採用布料與織帶結合製作束口袋的提把，展現截然不同的風格。
束口繩配色部分作了微撞色設計，是可以拎著出門的便利小包。

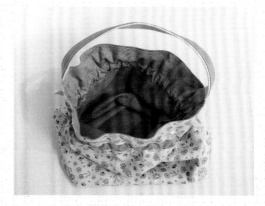

束口繩配色部分以素布作了微撞色設計，
提顯束口包的特色。

● 布料運用・棉布（明天的約會，粉色）
　　　　　　仿古棉布（10淺珊瑚紅）
● 作品尺寸・30cm×25cm×10cm
● 紙型・B面
● How to make・P.37 - P.39

這款作品在配色時主體選用小花布，穿束口繩的部分則以與小花布同色系的素布搭配，挑選色彩時，可以印花布內的粉橘色或是藍色，是十分容易入門的配色方法。

仿古棉布（10淺珊瑚紅）

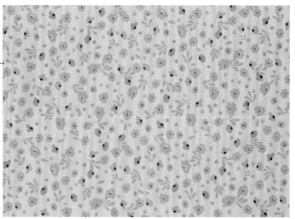

棉布（明天的約會，粉色）

學習將束口繩設計
於中間段的作法。

Basic

- 使用布料：表布－棉布（明天的約會，粉色）
  裡布－仿古棉布（10淺珊瑚紅）
- 使用材料：皮繩140cm 1條、織帶2.5cm×30cm
- 縫份說明：原寸，紙型縫份請外加1cm。
- 裁布說明：表布1尺、裡布1尺。作法裁布尺寸已含縫份1cm。
- 作品完成尺寸：30cm×25cm×10cm
- 紙型·B面

How to make

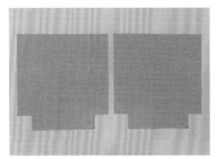

1　依紙型裁剪袋身表布A.B.C各2片。

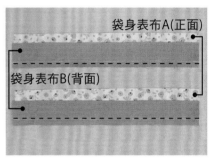

2　依紙型裁剪袋身裡布2片。

袋身表布A(正面)
袋身表布B(背面)

3　將袋身表布A袋身表布B，正面相對車縫，共完成2組。

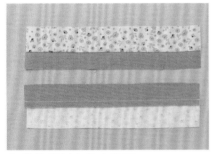

4　將縫份倒向花布燙平。
● **縫份倒向作法請參考 ▶ P.107。**

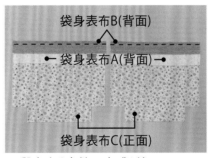

袋身表布B(背面)
← 袋身表布A(背面) →
袋身表布C(正面)

5　與表布C車縫，完成2片。

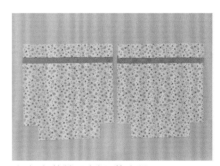

6　各自將縫份倒向花布燙平。

7-1　將步驟 6 2片正面相對，以強力夾固定。

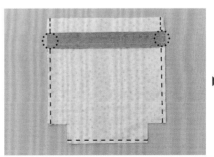

7-2　車縫兩側及底部，圈起處不車縫。

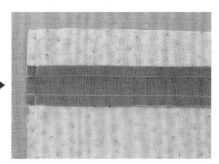

8-1 將步驟7縫份燙開。

8-2 車縫截角。

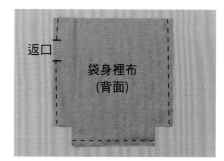

9 將步驟2袋身裡布正面相對，車縫兩側及底部，並於一側留返口。

10 將步驟9縫份燙開，車縫截角，完成裡袋身。

11 裁剪提把布4cm×30cm及織帶2.5cm×30cm。

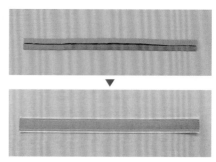

12 將提把布向內摺燙1cm後，車縫於織帶上。

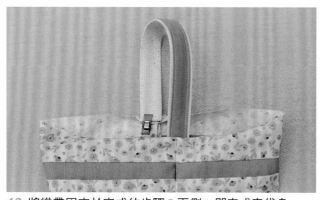

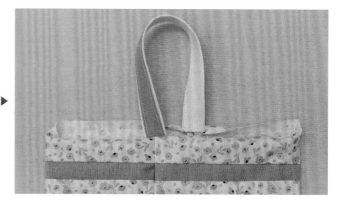

13 將織帶固定於完成的步驟8兩側，即完成表袋身。

14-1 將表袋身套入裡袋身。

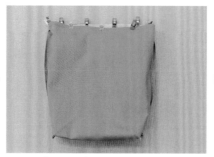

14-2 袋口以強力夾固定。

14-3 袋口車縫一圈。

Point

使裡袋
平整的方法

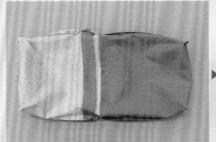

15-1　將表袋身從裡袋身拉出。

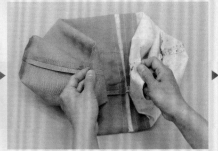

15-2　拉起其中一側截角的表布及裡布。

15-3　如圖將截角處對齊。

15-4　以強力夾固定。

15-5　車縫截角，另一側截角以相同方式完成。

16　將表袋身從返口翻出，縫合返口。整燙袋身後，袋口壓線一圈。

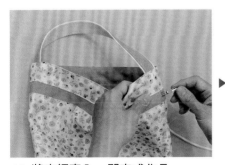

17　準備皮繩70cm2條

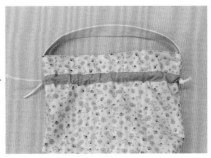

18　將皮繩穿入，即完成作品。
● **穿入皮繩作法請參考** ▶ **P.34。**

■ 學習車縫弧度的簡易扁包

清新微風・弧度扁包

表布採用花布與素布的搭配，中和過於花俏的畫面，
前袋身加了口袋，可以放手機或悠遊卡，是一款可輕鬆攜帶出行的包包。

提把以素布與織帶結合，呼應裡布使用的白
色，展現文青風格。

在表布配色上使用左右切割法，一半是花布，一半則是素布。包包背面、提把也選用了同一塊素布，使其具有整體感，作出可雙面使用的實用設計。

- 布料運用・棉布（Lavender）
  酵素水洗棉布（415寶藍）
- 作品尺寸・38cm×29m（含提把高度）
- 紙型・B面
- How to make・P.42 - P.45

酵素水洗棉布（415寶藍）

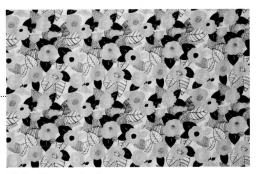

棉布（Lavender）

學習車縫弧度的
簡易作法。

● 使用布料：表布－棉布（Lavender）、配色布－酵素水洗棉布（415寶藍）、
　裡布－水洗帆布（01白色）
● 使用材料：織帶3mm×35cm2條
● 縫份說明：原寸，紙型縫份請外加1cm。
● 裁布說明：表布1尺、裡布1尺、配色布1尺。作法裁布尺寸已含縫份1cm。
● 作品完成尺寸：38cm×29m（含提把高度）
● 紙型・B面

How to make

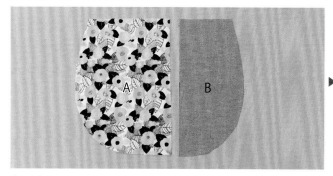

1　依紙型裁剪袋身表布A、B、C各1片。（A.B皆需畫反板）（皆需燙襯）。● **畫正反板作法請參考** ▶ **P.109**

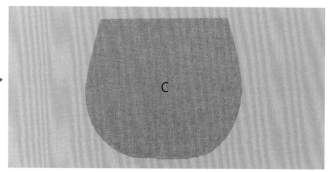

Point

留意紙型的正反板

在畫有弧度的型板時，需留意紙型的正反板，否則圖案就會變成相反的喔！

2　依紙型裁剪前口袋表布、前口袋裡布各1片（表布需畫反板）（皆需燙襯）

3　依紙型裁剪袋身裡布D、E各2片。（皆需燙襯）

4　將前口袋表布、前口袋裡布正面相對車縫接合。

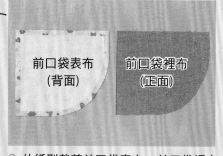

5　於接合處壓線。

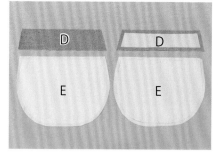

6-1　將步驟5放在袋身表布A上。

6-2　再與袋身表布B正面相對，以強力夾固定。

6-3　車縫。

7　於接合處壓線，並將前口袋疏縫於袋身表布A上，即完成表前片。

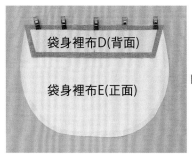

8-1　取袋身裡布D.E各1片，正面相對，以強力夾固定後車縫。

8-2　如圖於接合處壓線。

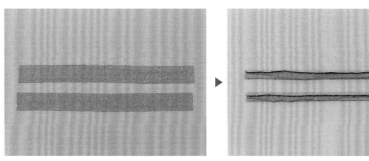

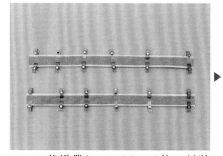

9　裁剪提把布4.5cm×35cm2條，將縫份向中心點摺燙。

10-1　裁織帶3cm×35cm2條，並將燙好的布條，以強力夾固定於織帶上。

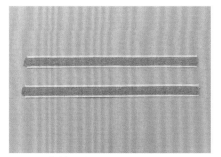

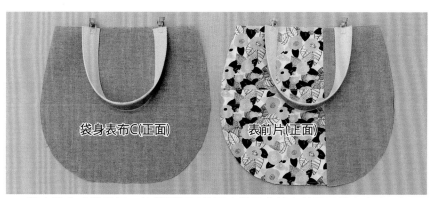

10-2　車縫兩側。

11　將車縫完成的提把，依紙型標示位置車縫固定於表前片及袋身表布C上。

  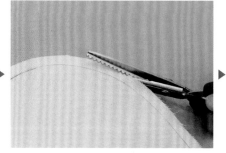

12-1　將完成的步驟 8 2片正面相對，以強力夾固定並車縫，底部需留返口，並以鋸齒剪刀修剪兩側弧度處縫份。

12-2　完成裡袋身。

13-1　將完成的步驟11正面相對，以強力夾固定後車縫。

 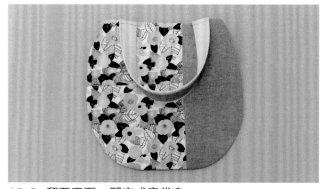

13-2　以鋸齒剪刀修剪兩側弧度處縫份。

13-3　翻至正面，即完成表袋身。

裡袋身(背面)

14-1　將表袋身套入裡袋身。

14-2　上方以強力夾固定。

14-3　車縫一圈。

44

15 將表袋身從返口翻出,縫合返口後,再將袋身整燙。

16 袋口壓線一圈即完成。

■ 如何車縫有弧度側身的包包
戀戀小白花・弧度側身包

有側身的設計可容納更多物品,適合使用水洗帆布製作,
是極具休閒感又耐用的一款包包。

有側身的包款設計,可容納更多物品,提升實
用度。

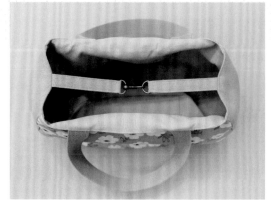

裡袋作了D形環織帶裝置,增加袋物的設計感。

配色
design
言究事

OK

此款包包的表布花色具有柔美感，側身則使用同色系的素布搭配，使視覺協調，呈現成熟溫柔的感覺，側身的挑色選對了，也能使包包較不易髒汙。

- 布料運用・棉布（花花市集，淺灰）
- 作品尺寸・35cm×49cm×13 cm（含提把高度）
- 紙型・A面
- How to make・P.48 - P.51

棉布（花花市集，淺灰）

學習如何車縫
有弧度側身的包包。

- 使用布料：表布－棉布（花花市集，淺灰）
  配色布－水洗帆布（7卡其）、裡布－仿古棉布（29淺卡其）
- 使用材料：織帶3mm×35cm2條、 2cmD形環1個、 2cm問號鉤1個
- 縫份說明：原寸，紙型縫份請外加1cm。
- 裁布說明：表布1尺、裡布1尺、配色布1.5尺。
  作法裁布尺寸已含縫份1cm。
- 作品完成尺寸：35cm×49cm×13 cm（含提把高度）
- 紙型・A面

How to make

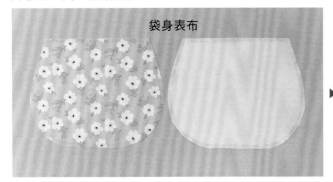

1 依紙型裁剪袋身表布、袋身裡布各2片（需燙襯，襯不含縫份）

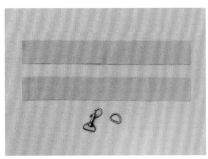

2 依紙型裁剪側身表布、側身裡布各2片（需燙襯，襯不含縫份）

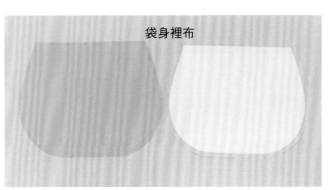

3 裁剪裡口袋18cm×32cm（需燙一半襯，布襯尺寸：16 cm×15cm）

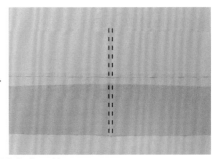

4 準備2cmD形環×1個、2cm問號鉤1個，裁剪布條4cm×24cm2條。

5 車縫接合側身表布、側身裡布，並於接合處壓線。

側身弧度處
剪牙口

Point

在側身弧度處剪
牙口，可更輕鬆
地將側身與袋身
以強力夾固定！

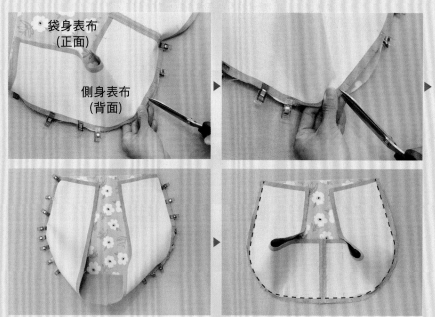

袋身表布
（正面）

側身表布
（背面）

6 取袋身表布1片，與側身表布正面相對，以強力夾固定（弧度處需剪牙口）
車縫。

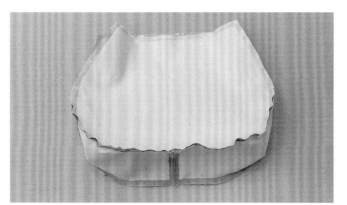

7-1　另一片袋身表布，以步驟6相同方式完成。

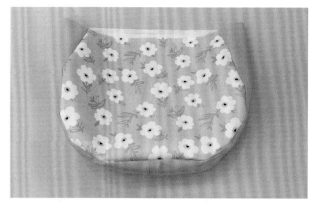

7-2　翻至正面。

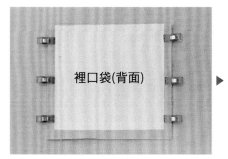

裡口袋(背面)

8-1　將步驟3裡口袋正面相對，以
強力夾固定。

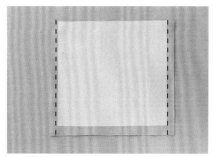

8-2　車縫兩側。

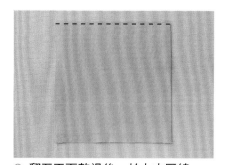

9　翻至正面整燙後，於上方壓線。

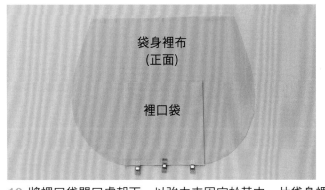 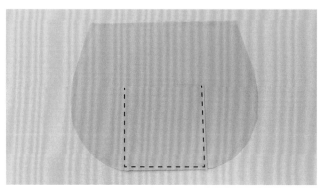

10 將裡口袋開口處朝下，以強力夾固定於其中一片袋身裡布上，車縫兩側後，於下方疏縫。

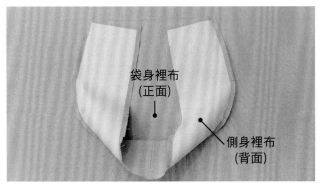 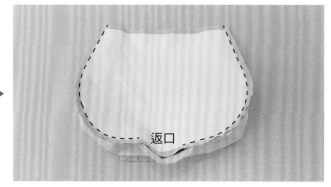

11 與步驟 6、步驟 7 作法相同，將側身裡布與袋身裡布車縫固定，並於一側留返口，即完成裡袋身。

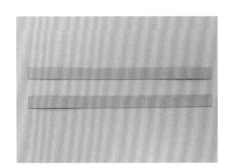  

12 裁剪織帶3cm×52cm2條。

13-1 依紙型標示位置以強力夾固定於袋身表布上。

13-2 車縫織帶。

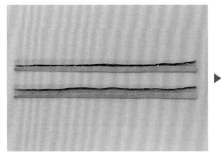 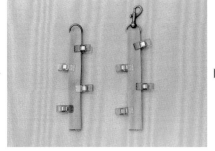 

14-1 將步驟4 布條縫份向內摺燙1cm。

14-2 穿過D形環及問號鉤後對摺。

14-3 車縫ㄇ型。

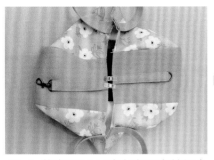

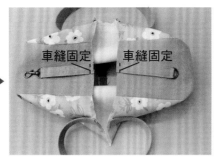

車縫固定　　車縫固定

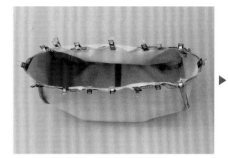

15-1 將步驟14以強力夾固定於側身表布。

15-2 車縫固定，完成表袋身。

16-1 將表袋身套入裡袋身，上方以強力夾固定。

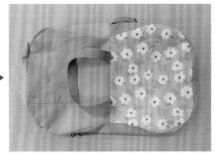

16-2 袋口車縫一圈。

17 將表袋身從返口翻出，縫合返口後，再將袋身整燙。

18 袋口壓線一圈，即完成作品。

▼

■ 以中性配色製作大容量托特包
率性線條・A4托特包

可放入A4文件的肩背包,大容量設計,非常適合作為通勤袋物,
男用女用皆合宜。裡袋配置隔間口袋,實用性極高。

側身作有磁釦設計,可依個人使用需求決定袋
物的形狀。

- 布料運用．棉布（2MM條紋布，黑色）
  酵素水洗棉麻（淺灰）、水洗帆布（04 鐵灰）
- 作品尺寸．47cm×48 cm×12 cm
- 紙型．A面
- How to make．P.54 - P.59

設計較為中性的包款，以灰黑色素布為主。為避免過於沉重單調，口袋選用較淺的灰色及條紋布，若想要可愛一點，換成點點圖案布料也是很好的選擇。

水洗帆布（04 鐵灰）

酵素水洗棉麻（淺灰）

棉布（2MM條紋布，黑色）

如何車縫側身
點到點的作法。

Basic

- 使用布料：表布－水洗帆布（04 鐵灰）、配色布－棉布（2MM條紋布，黑色）酵素水洗棉布（406 淺灰）、裡布－酵素水洗棉麻（05灰玫粉）
- 使用材料：3cm寬織帶120cm（黑色）、塑膠底板28cm×10cm、強磁撞釘1組、磁釦2組
- 縫份說明：原寸，紙型縫份請外加1cm。
- 裁布說明：表布2尺、裡布2尺、配色布1尺。作法裁布尺寸已含縫份1cm。
- 作品完成尺寸：47cm×48 cm×12 cm
- 紙型·A面

How to make

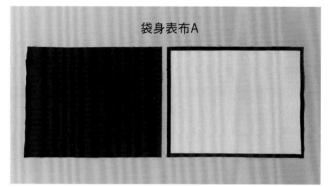

袋身表布A

1 依紙型裁剪袋身表布A2片。需燙布襯（襯不含縫份）

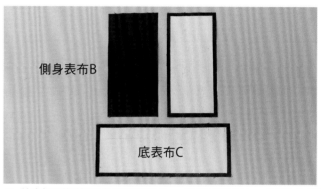

側身表布B

底表布C

2 依紙型裁剪側身表布B2片、底表布C1片。需燙布襯（襯不含縫份）

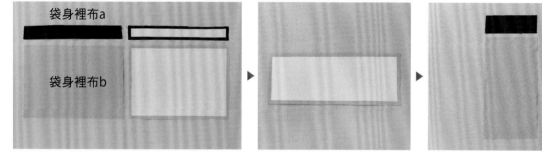

袋身裡布a

袋身裡布b

3 依紙型裁剪袋身裡布a2片、袋身裡布b2片、底裡布c1片、側身裡布d2片、側身裡布e×2片，需燙布襯（襯不含縫份）

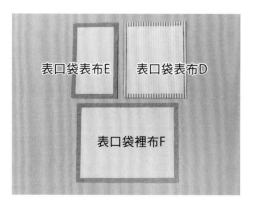

表口袋表布E　表口袋表布D

表口袋裡布F

4 依尺寸裁剪表口袋表布D18cm×15cm1片、E18cm×11cm1片、表口袋裡布F18cm×24cm1片。需燙布襯（襯不含縫份）

5 取表口袋表布D、E，正面相對後，以強力夾固定後車縫。

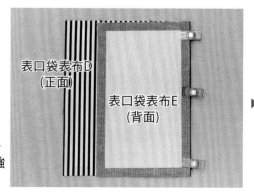

表口袋表布D（正面）

表口袋表布E（背面）

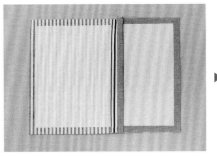

6-1 縫份燙開。

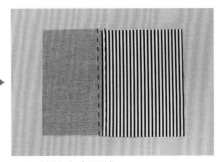

6-2 於接合處壓線。

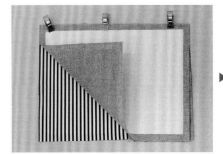

7-1 取表口袋裡布F，與步驟6以強力夾固定。

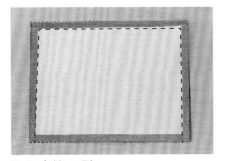

7-2 車縫ㄇ型。

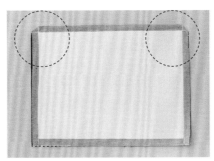

8 轉角處的縫份剪斜角。

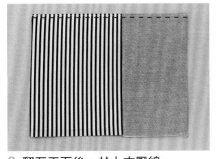

9 翻至正面後，於上方壓線。

10 將完成的步驟9放在其中一片袋身表布A上，左、右兩側及下方車縫固定。

11 取另一片袋身表布A，與底表布C正面相對車縫固定。

12 步驟10與步驟11車縫固定。

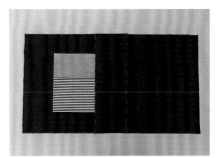

13 翻至正面，於接合處壓線。

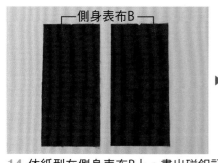

14 依紙型在側身表布B上,畫出磁釦記號,並裝上磁釦。
● **安裝磁釦作法請參考** ▶ **P.116。**

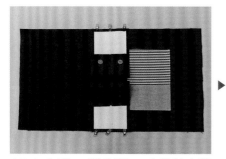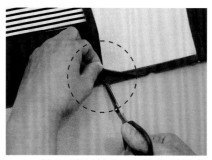

15-1 步驟13與步驟14車縫接合點到點。

● **點到點車縫作法請參考** ▶ **P.113。**

15-2 轉角處需剪牙口,袋身與側身車縫接合。

15-3 完成表袋身。

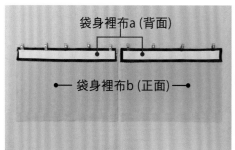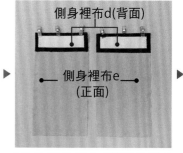

16-1 袋身裡布a、b正面相對以強力夾固定後,車縫接合。

16-2 翻至正面,接合處壓線。

16-3 側身裡布d與側身裡布e正面相對,以強力夾固定後,車縫接合。

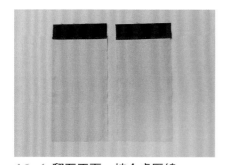

16-4 翻至正面,接合處壓線。

17 裁剪裡口袋布37cm×30cm、襯35cm×14cm,將襯燙在裡口袋布背面,對摺後於上方壓線。

18 將步驟17有襯的那面向外，放在其中一片車縫完成的袋身裡布上，依個人需求車縫口袋間隔。

19-1 裁剪底板固定60cm×14cm1片。

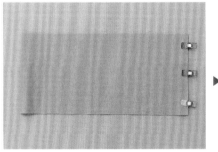 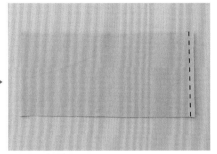 

19-2 對摺後，以強力夾固定。

19-3 車縫。

20 翻至正面，於兩側壓線。

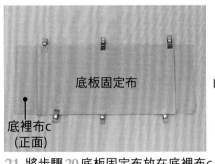 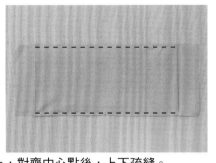

21 將步驟20底板固定布放在底裡布c上，對齊中心點後，上下疏縫。

22-1 將步驟21與步驟18袋身裡布正面相對，以強力夾固定後，車縫。

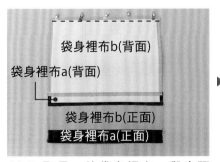 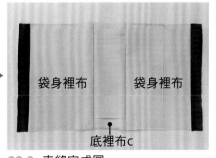 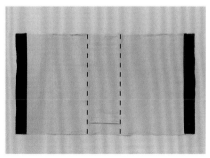

22-2 取另一片袋身裡布，與步驟22-1車縫。

22-3 車縫完成圖。

22-4 於底部接合處壓線。

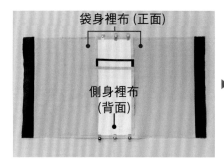

袋身裡布 (正面)

側身裡布
(背面)

23-1 側身裡布與袋身裡布對齊中心點後，正面相對，以強力夾固定。

23-2 車縫。

● 注意：只能車縫點到點，轉角處需剪牙口。車縫點到點作法請參考P.113。

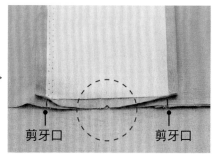

剪牙口　　　　　　剪牙口

23-3 對齊中心點的細部示意圖。

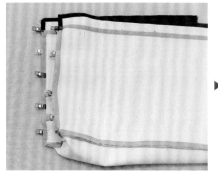

23-4 將側身兩邊與袋身裡布對齊後，以強力夾固定。

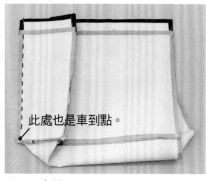

此處也是車到點。

23-5 車縫。

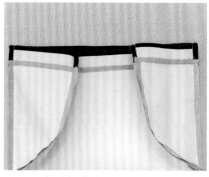

23-6 完成裡袋身。

24-1 將表袋身與裡袋身縫份向下燙。

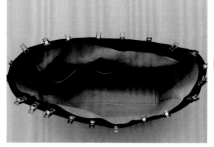

24-2 將步驟23-6裡袋身套入表袋身(背面相對)。

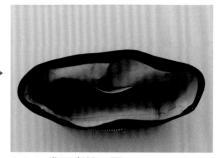

24-3 袋口車縫一圈。

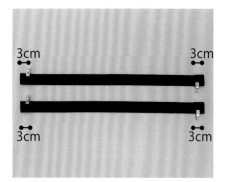

3cm　　　　　　　3cm

3cm　　　　　　　3cm

25-1 裁3cm寬的織帶60cm2條，左右各摺入3cm。

25-2 如圖所示車縫。

26-1 將提把依紙型標示位置，以強力夾固定。

26-2 將提把車縫固定。

Point

製作大包的子
底部作法

製作較大的包款時，
可於底部放置底板支撐，
較不易變形。

26 裁剪28cm×10cm底板，四周修剪成圓弧，放置底部。

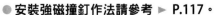

27 釘上強磁撞釘，即完成作品。
● **安裝強磁撞釘作法請參考 ► P.117。**

Basic
Lesson
10

■ 以舖棉壓線製造蓬軟效果的托特包
個性甜心・愛心壓線手提包

將輕柔的薄棉布，加上舖棉進行壓線，可使包包變得蓬鬆柔軟，
又稍帶一點挺度，多了不一樣的使用手感。
可愛的愛心圖案搭配條紋、素色布，甜美又極富個性。

側身作有磁釦設計，前方口袋可置物，是小巧
的實用隨身包。

OK

主布愛心圖案是黑色，搭配同為黑色的條紋布，提升設計及活潑感。提把部分若選用小花布，會顯得太過花俏，失去視覺重點，因此使用黑色素布凸顯其特色。

- 布料運用・棉布（Heart Crush，黑色）
  棉布（2MM條紋布，黑色）
- 作品尺寸・寬18×cm×高20cm×底10cm
- 紙型・C面
- How to make・P.62 - P.65

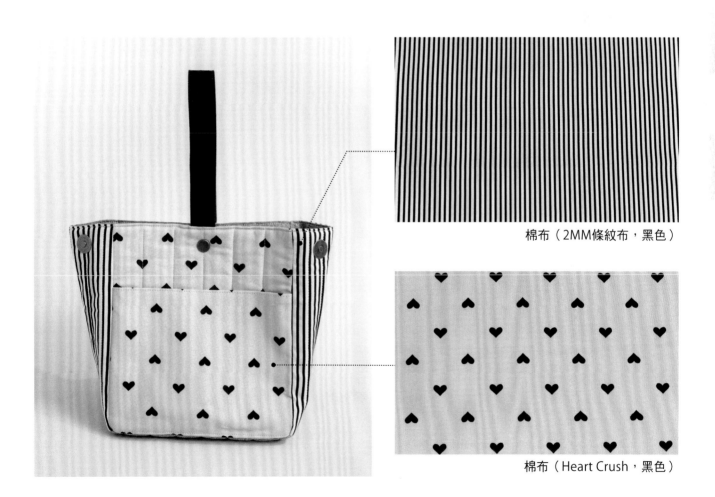

棉布（2MM條紋布，黑色）

棉布（Heart Crush，黑色）

學習舖棉壓線的
基本方法。

Basic

- 表布－棉布（Heart Crush，黑色）、配色布－棉布（2MM條紋布，黑色）、裡布－酵素水洗棉布（403深灰）、提把布－水洗帆布（黑色）
- 使用材料：磁釦2組、強磁撞釘1組
- 縫份說明：原寸，紙型縫份請外加1cm。
- 裁布說明：表布＋前口袋1尺、裡布1尺、配色布1尺、提把布5cm×32cm2條。作法裁布尺寸已含縫份1cm。
- 作品完成尺寸：寬18×cm×高20cm×底10cm
- 紙型・C面

How to make

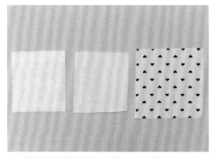

1 依紙型裁剪厚布襯、舖棉各2片，袋身表布22cm×24cm 2片。

2 以熨斗將袋身表布整燙，趁熱度未退時，將舖棉有膠面放置於袋身表布背面使其接著。

3 翻至正面，再以熨斗熨燙。請勿用力重壓，輕輕帶過即可，以免舖棉壓扁。

4 翻至背面，再將厚布襯有膠面放置舖棉上，以熨斗熨燙。

5-1 四邊縫份皆為1cm，裁掉多餘縫份。

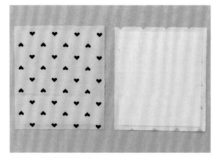

5-2 共完成2片。

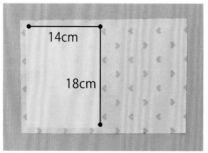

14cm
18cm

6 裁剪14cm×18cm布襯，表前口袋布20cm×30cm並將布襯燙於表前口袋布背面，將布對摺後，於對摺處壓線。

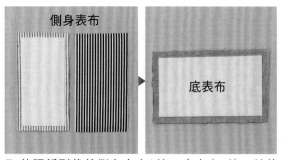

側身表布

底表布

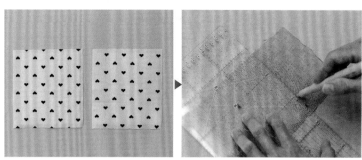

7　依照紙型裁剪側身表布2片、底表布1片，並依步驟2至步驟4作法，將舖棉及布襯燙於側身表布及底表布背面。

8　如圖在袋身表布及底表布畫上壓線 (每間隔2.5cm畫線)。

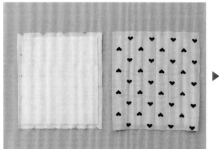

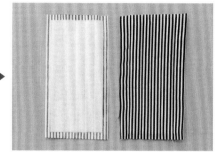

9-1　車縫壓線。

9-2　底表布正面壓線。

9-3　側身表布沿著線條壓線即可。

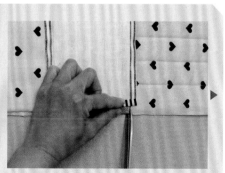

10　將步驟6（有貼布襯那面在上）放置其中一片完成壓線的袋身表布上，疏縫兩側。

11　車縫接合袋身表布及底表布，於底表布兩側壓線。

Point

車縫點到點
的作法

遇到轉角處時，以車縫點到點的方式製作，並剪牙口，即可輕鬆車縫。

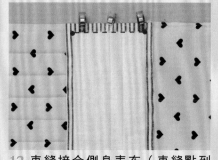

12　車縫接合側身表布（車縫點到點，請參考圖中紅點位置）
● **點到點車縫方法請參考 ▶ P.113**

13-1　於底表布上剪牙口。

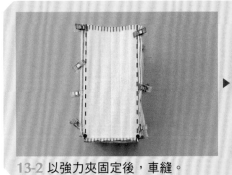

13-2 以強力夾固定後，車縫。

13-3 車縫完成正面圖。

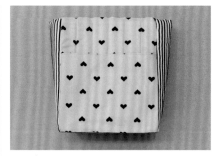

14 翻至正面。

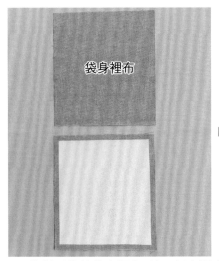

袋身裡布

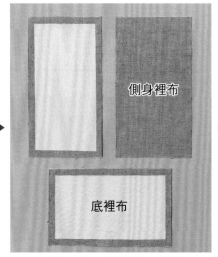

側身裡布

底裡布

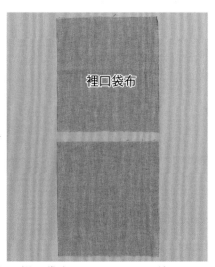

裡口袋布

15 依紙型裁剪袋身裡布2片、側身裡布2片、底裡布1片（需燙襯，襯不含縫份）、裡口袋布20cm×22cm 2片。

16-1 先將裡口袋布對摺並壓線。

袋身裡布
(正面)

16-2 放置於袋身裡布。

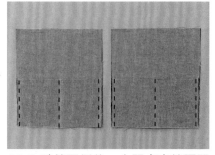

16-3 疏縫兩側後，中間處車縫隔間線，完成2片。

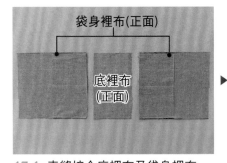

袋身裡布(正面)

底裡布
(正面)

17-1 車縫接合底裡布及袋身裡布。

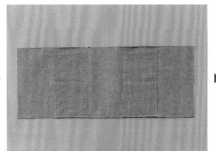

17-2 於底裡布上壓線。

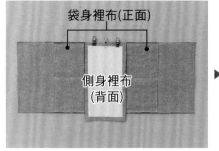

袋身裡布(正面)

側身裡布
(背面)

17-3 將側身裡布與底裡布以強力夾固定。

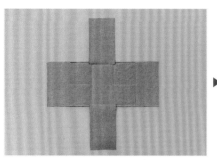

17-4 將側身裡布與底裡布車縫接合。作法與步驟12相同。

17-5 與步驟13相同作法完成裡袋身。

18-1 裁剪提把布5cm×32cm 2條，並將縫份向內燙。

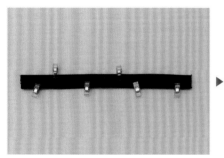

18-2 背面相對以強力夾固定。

18-3 車縫兩側。

19 將磁釦安裝於側身表布上。
● **安裝磁釦作法請參考** ▶ **P.116**。

21-2 以強力夾固定。

20 將完成的步驟18固定於步驟19上，即完成表袋身。

21-1 將表袋身、裡袋身縫份向下摺，背面相對。

22 車縫一圈。

強磁撞釘

23 依紙型標示位置，裝上強磁撞釘即完成。
● **安裝強磁撞釘作法請參考** ▶ **P.117**。

■ 學習作有袋蓋設計的簡易手提包

花之暖暮・手提包

實用的隨身包設計款,側身加上D型環,
即可隨意更換背帶,不只手提,亦可成為斜背包。

袋蓋的顏色與表布圖案,形成撞色效果,讓小
包格外搶眼吸睛。

● 布料運用・酵素水洗棉布（01粉橘色）
　　　　　棉布（Rose Cottage，灰色）
　　　　　酵素水洗棉布（406淺灰）

● 作品尺寸・24cm×36cm（含提把）×6cm

● 紙型・C面

● How to make・P.68 - P.71

袋蓋部分選用花布裡有的粉橘色，使色
彩更顯明亮活潑。配色亦可以反轉，將
袋蓋改為花布，表袋則為素色布，打造
另一款不同的視覺搭配。

酵素水洗棉布（01粉橘色）

棉布（Rose Cottage，灰色）

酵素水洗棉布（406淺灰）

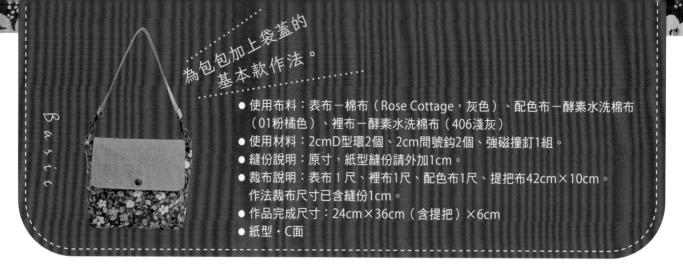

為包包加上袋蓋的
基本款作法。

Basic

● 使用布料：表布－棉布（Rose Cottage，灰色）、配色布－酵素水洗棉布（01粉橘色）、裡布－酵素水洗棉布（406淺灰）
● 使用材料：2cmD型環2個、2cm問號鉤2個、強磁撞釘1組。
● 縫份說明：原寸，紙型縫份請外加1cm。
● 裁布說明：表布1尺、裡布1尺、配色布1尺、提把布42cm×10cm。
　作法裁布尺寸已含縫份1cm。
● 作品完成尺寸：24cm×36cm（含提把）×6cm
● 紙型・C面

How to make

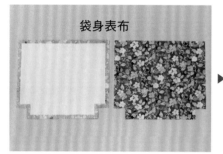

袋身表布

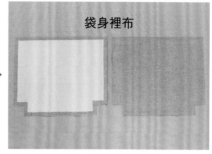

袋身裡布

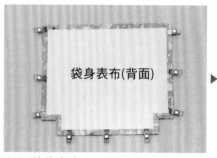

袋身表布(背面)

1 依紙型裁剪袋身表布2片、袋身裡布2片（皆需燙襯，襯不含縫份）。

2-1 將袋身表布正面相對，以強力夾固定。

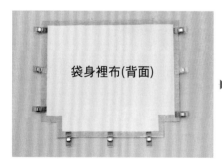

袋身裡布(背面)

返口

2-2 袋身裡布正面相對，以強力夾固定。

2-3 車縫兩側及底部，袋身裡布一側需留返口。

3-1 將兩側及底部縫份燙開。

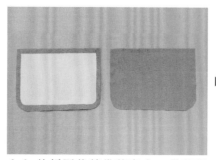

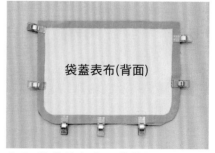

袋蓋表布(背面)

3-2 車縫截角，完成表袋身及裡袋身。

4-1 依紙型裁剪袋蓋表布、袋蓋裡布各1片，需燙襯（襯不含縫份）。

4-2 將袋蓋表布及袋蓋裡布正面相對，以強力夾固定。

4-3　車縫U型。

5-1　修剪弧度處縫份。

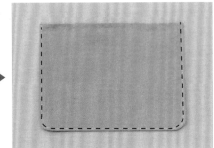

5-2　翻至正面後，壓線。

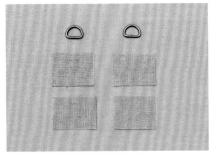

6　裁剪D型環布3.75cm×5cm4片，
準備 2cmD型環2個。

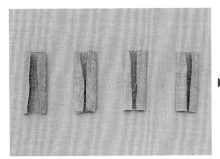

7　將縫份向內燙，取2片背面相對，車縫兩側。

8　將步驟7穿過D型環，於下方車縫固定。

9　步驟3表袋身翻至正面，將步驟8固定於包包兩側。

10-1　將步驟5完成的袋蓋以強力夾
固定於表袋身後側。

10-2　車縫固定。

裡袋身(背面)

11-1 將表袋身套入裡袋身。　　**11-2** 袋口以強力夾固定一圈。　　**11-3** 車縫固定。

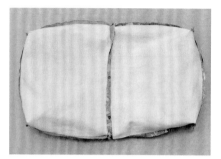
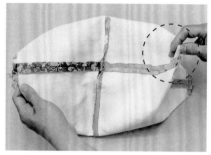
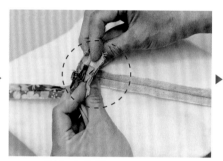

12 將表袋身從裡袋身翻出。　　**13-1** 將表袋身、裡袋身同一側的截角拉起相對。　　**13-2** 對齊中心點。

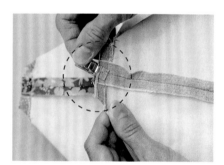

13-3 以強力夾固定。　　**14-1** 另一側作法相同，先以強力夾固定。　　**14-2** 車縫固定。

15 將表袋身從返口拉出，整理袋身。

16-1 縫合返口。

16-2 袋口壓線一圈。

Point

自製與袋身花色
不同的手提把

17 裁剪布襯1.75cm×40cm2片、提把布3.75cm×42cm2片。準備2個2cm問號鉤，將布襯燙在提把布的背面。

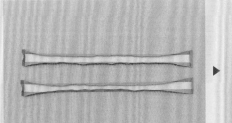

18 將提把布四周縫份向內燙，背面相對，以強力夾固定。

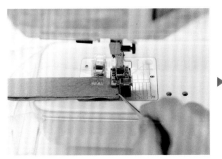

19 車縫提把布，轉角處縫份可以錐子壓著再轉彎，更加容易操作。

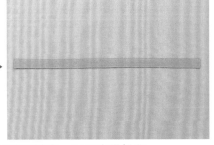

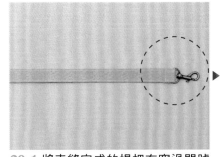

20-1 將車縫完成的提把布穿過問號鉤，車縫固定。

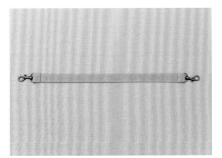

20-2 另一側相同作法完成。

21 依紙型標示位置，在袋蓋標上強磁撞釘記號，釘上撞釘。勾上提把即完成作品。

● 安裝強磁撞釘作法請參考 ▶ **P.117**。

■ 可自製斜背帶的實用外出包
希望之鴿・斜背包

將包包表布接合處設計於後方，若在袋身加上口袋也會很有趣。
自製的斜背帶，搭配條紋方向，亦可製造包包的小小亮點。

自製的斜背帶，搭配喜愛的布料圖案，也可成
為設計亮點。

- 布料運用・水洗帆布（03駝色）、水洗帆布（01白色）
  酵素水洗棉麻（03原胚色）、棉布（翱翔）
  棉布（2MM條紋布，黑色）
- 作品尺寸・27cm×25cm×8cm
- 紙型・D面
- How to make・P.74-P.78

黃色帶給人明亮活潑的感覺，搭配米色、咖啡色則多了一份沉穩。使用條紋布製作斜背帶，製造袋物的亮點。

水洗帆布（03駝色）

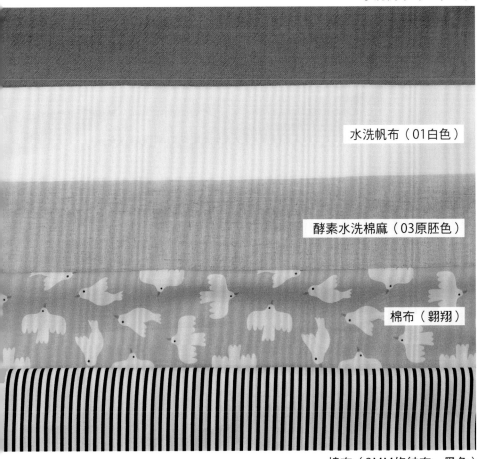

水洗帆布（01白色）

酵素水洗棉麻（03原胚色）

棉布（翱翔）

棉布（2MM條紋布，黑色）

Basic

- 使用布料：表布－棉布（翱翔）、配色布－水洗帆布（03駝色）、酵素水洗棉麻（03原胚色）、棉布（2MM條紋布，黑色）、裡布－水洗帆布（01白色）
- 使用材料：2cmD型環2個、3cm問號鉤2個、3cm日型環1個
- 縫份說明：原寸，紙型縫份請外加1cm。
- 裁布說明：表布1尺、裡布1尺、配色布1尺、提把布4cm×127cm。作法裁布尺寸已含縫份1cm。
- 作品完成尺寸：27cm×25cm×8cm
- 紙型‧D面

How to make

1 裁剪袋身表布58cm×27cm 1片、袋身裡布58cm×27cm 1片、底表布 22cm×10cm 1片、底裡布22cm×10cm 1片。（皆需燙襯，襯不含縫份）

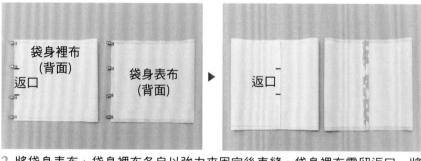

2 將袋身表布、袋身裡布各自以強力夾固定後車縫。袋身裡布需留返口。將縫份燙開。

3 將袋身表布對摺，以剪刀剪出中心點記號。

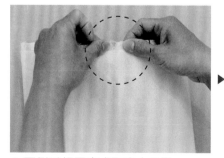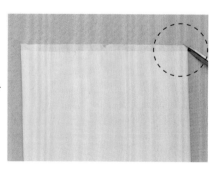

4 兩側以相同方式取出中心點。

5 底表布四周取中心點。

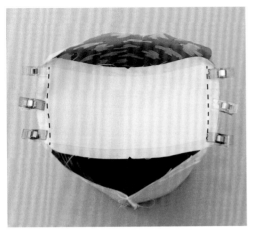

6　底表布兩側對齊袋身表布兩側中心點，以強力夾固定車縫。

● **注意：只能車縫至點到點。**

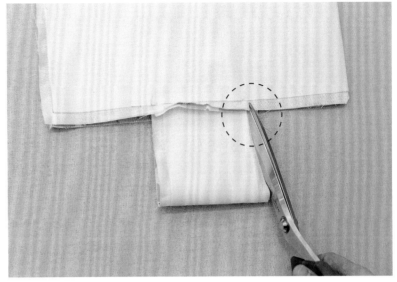

7　如圖在袋身表布上剪牙口。

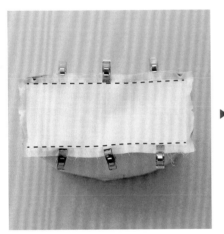

8-1　固定另外兩側後車縫。

8-2　車縫完成。

9　袋身裡布與底裡布與步驟3至步驟8作法相同，完成裡袋身。

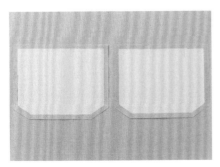

10　依紙型裁剪袋蓋表布、袋蓋裡布各1片（皆需燙襯）。

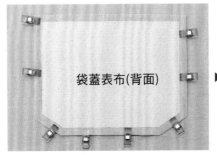

袋蓋表布(背面)

11　將袋蓋表布、袋蓋裡布正面相對固定車縫（上方不車縫）。

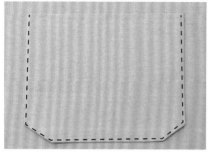

12 翻至正面壓線。

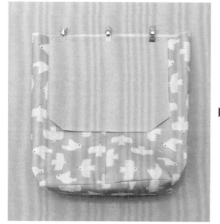

13 將袋蓋固定於袋身表布後方並車縫,即完成表袋身。

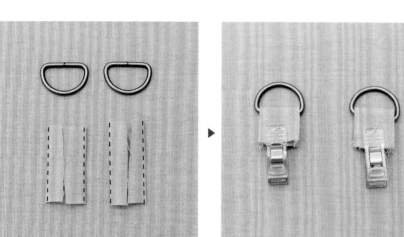

14-1 裁剪D型環布3.75cm×4cm2片, 將縫份向內燙,車縫兩側,準備 2cm D型環2個。

14-2 將D型環布穿過D型環,於下方車縫固定。

15 將步驟14固定於表袋身兩側。

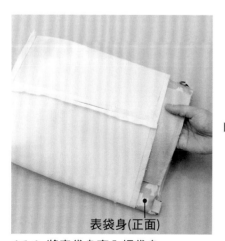

表袋身(正面)

16-1 將表袋身套入裡袋身。

16-2 袋口以強力夾固定。

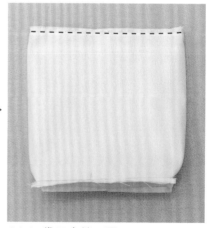

16-3 袋口車縫一圈。

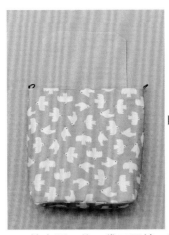

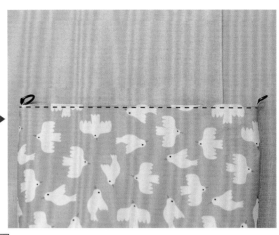

17 將表袋身從返口翻出。

18 縫合返口後，袋口壓線一圈。

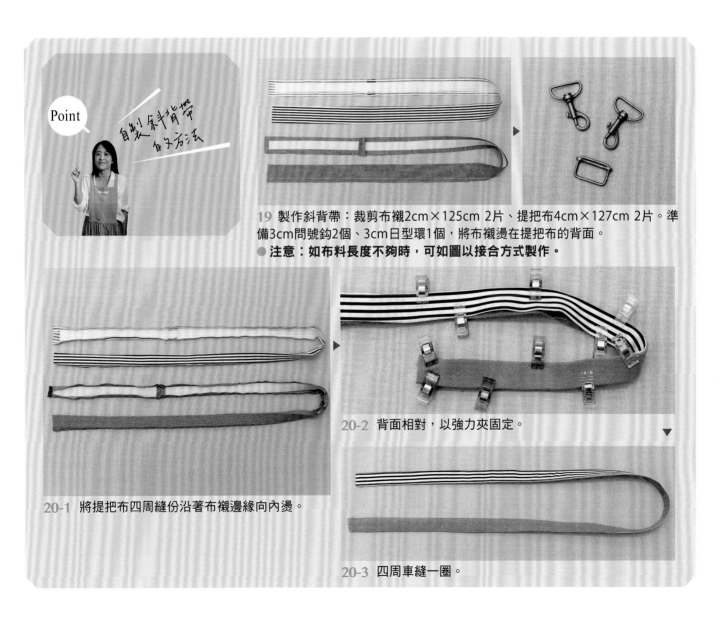

Point 自製斜背帶的方法

19 製作斜背帶：裁剪布襯2cm×125cm 2片、提把布4cm×127cm 2片。準備3cm問號鉤2個、3cm日型環1個，將布襯燙在提把布的背面。

● **注意：如布料長度不夠時，可如圖以接合方式製作。**

20-1 將提把布四周縫份沿著布襯邊緣向內燙。

20-2 背面相對，以強力夾固定。 ▼

20-3 四周車縫一圈。

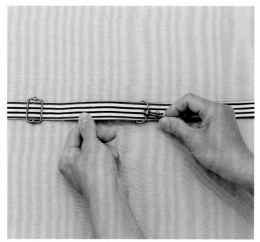

21 將布穿入日型環及問號鉤。

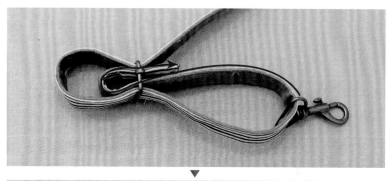

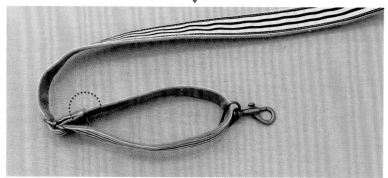

22 如圖再將布穿過日型環後車縫。

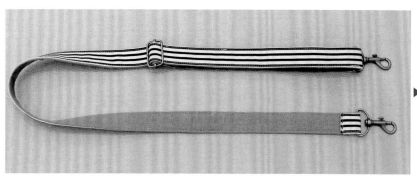

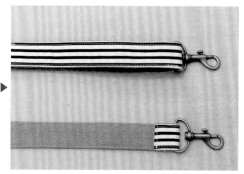

23 將提把另一側，再穿過另一個D型環，車縫固定，即完成斜背帶。

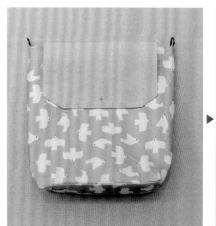

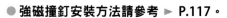

24 依紙型在袋蓋上標上強磁撞釘記號，釘上撞釘。

● 強磁撞釘安裝方法請參考 ► P.117。

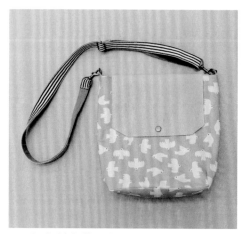

25 勾上斜背帶即完成作品。

Basic Lesson 13

■ 作法簡單又耐看耐用的水桶包

波波草的星空・水桶包

水桶包一直是經典不敗的包款，利用花布與素布的搭配，
使包包呈現多樣風格。運用雞眼釦，就能完成實用又耐看的百搭袋物。

側身的抓底設計，使水桶包更具特色。以素布
與花布作撞色組合，讓包包更加亮眼有型。

- 布料運用・仿古棉布（10淺珊瑚紅）
  　酵素水洗棉布（403 深灰）
  　棉布（Lala Sweet，藍色）
- 作品尺寸・26cm×22cm×10cm
- 紙型・C面
- How to make・P.82- P.85

主體花布裡的顏色豐富，所以適合搭配的素布選擇很多。淺珊瑚紅活潑又明亮，若喜歡成熟風格，也可選用灰、藍色，依個人喜好挑選布料製作。

仿古棉布（10淺珊瑚紅）

棉布（Lala Sweet，藍色）

酵素水洗棉布（403 深灰）

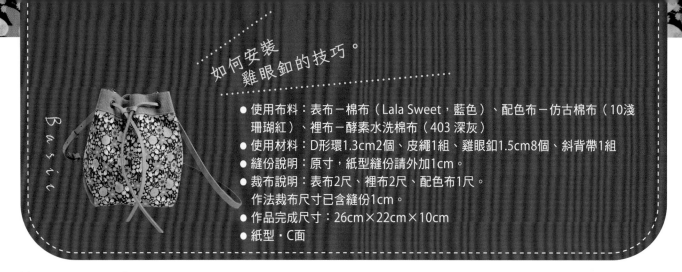

Basic

● 使用布料：表布－棉布（Lala Sweet，藍色）、配色布－仿古棉布（10淺珊瑚紅）、裡布－酵素水洗棉布（403深灰）
● 使用材料：D形環1.3cm2個、皮繩1組、雞眼釦1.5cm8個、斜背帶1組
● 縫份說明：原寸，紙型縫份請外加1cm。
● 裁布說明：表布2尺、裡布2尺、配色布1尺。
　作法裁布尺寸已含縫份1cm。
● 作品完成尺寸：26cm×22cm×10cm
● 紙型‧C面

How to make

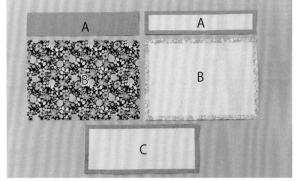

1　依紙型裁剪袋身表布A2片、袋身表布B2片、底表布C1片。（以上皆需燙襯，襯不含縫份）

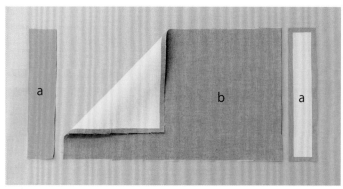

2　依紙型裁剪袋身裡布a2片、b1片。（以上皆需燙襯，襯不含縫份）

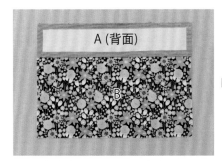
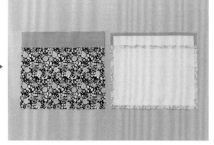

3　取袋身表布A1片、袋身表布B1片正面相對車縫，接合處壓線，共完成2片。

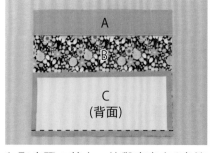

4　取步驟 3 其中一片與底表布C車縫接合。

5　再取另一片步驟 3 與底表布C車縫接合。

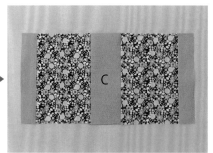

6　將底表布C對摺，以剪刀剪一刀，即為中心點。

7-1 將步驟6正面相對對摺。

7-2 再將底表布C背面相對對摺。

7-3 底部對齊。

7-4 將底表布C對齊拉好。

7-5 以強力夾固定。

8-1 另一側以相同方式固定。

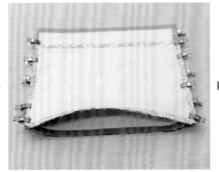

8-2 底部示意圖。

8-3 如圖車縫兩側。

8-4 翻至正面。

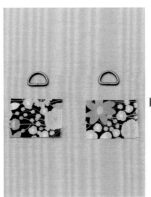

9-1 準備1.3cm D形環2個、布片2.75cm×4cm 2片。

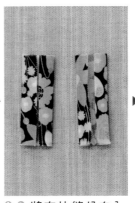

9-2 將布片縫份向內燙。

9-3 車縫兩側後，穿過D形環。

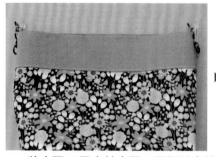 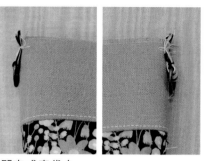

10 將步驟 9 固定於步驟 8 兩側並車縫，即完成表袋身。

11-1 車縫接合袋身裡布a、b。

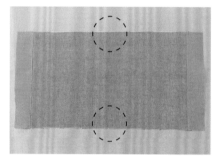

11-2 接合處壓線。

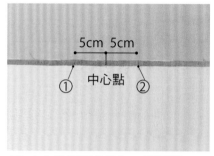

12 取袋身裡布中心點。

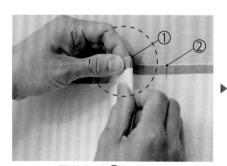

13 中心點兩側各畫5 cm記號線。

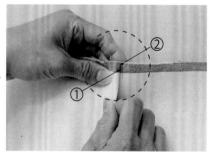

14-1 如圖將記號①摺起。

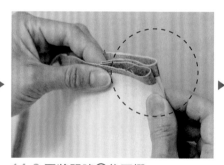

14-2 對齊記號②。

14-3 再將記號②往下摺。

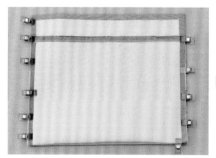

14-4 兩側以強力夾固定。

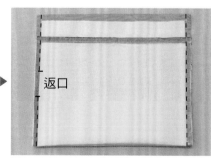

14-5 如圖車縫兩側，並於一側預留返口，完成裡袋身。

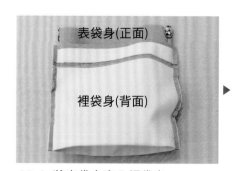

15-1 將表袋身套入裡袋身。

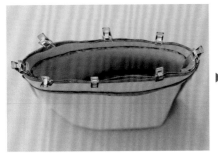

15-2 袋口以強力夾固定。

15-3 袋口車縫一圈。

16-1 將表袋身從返口拉出。

16-2 整理袋身後,縫合返口,並於袋口壓線。

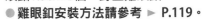

17 依紙型標示雞眼釦記號,準備雞眼釦1.5cm 8個,釘上雞眼釦。
● **雞眼釦安裝方法請參考 ▶ P.119。**

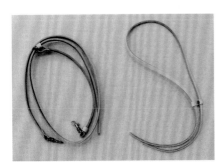

18 準備皮繩及斜背帶各1付。

19 裝上皮繩及斜背帶,即完成作品。

■ 自製背帶完成實用有型的後背包
花語朵朵・後背包

以條紋布搭配粉色系花布,使甜美風格又多了些許個性,
作法簡單,是一款初學者也能輕鬆完成的簡易後背包。

側身加上磁釦,依照使用需求可改變袋型,提
把刻意取用與袋身條紋方向不同的同一片布,
增加作品的設計趣味。

● 布料運用 · 棉布（花花市集，粉色）
　　　　　水洗帆布（01白色）
　　　　　棉布（2MM條紋布，黑色）
● 作品尺寸 · 32cm×23cm×10cm
● 紙型 · D面
● How to make · P.88 - P.91

對於粉紅色，總給人具有春天季節的溫柔印象，但若單純使用粉紅，又怕過於可愛，巧妙地搭配黑色條紋，立即增添成熟氣息及設計感。

棉布（花花市集，粉色）

水洗帆布（01白色）

棉布（2MM條紋布，黑色）

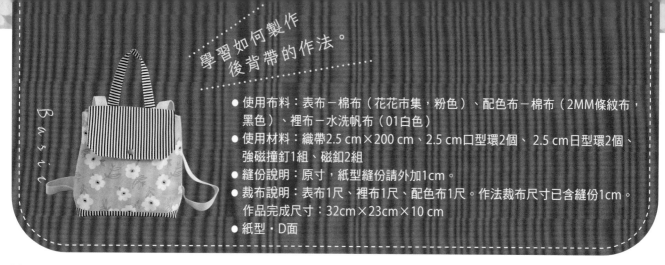

學習如何製作
後背帶的作法。

Basic

● 使用布料：表布－棉布（花花市集，粉色）、配色布－棉布（2MM條紋布，黑色）、裡布－水洗帆布（01白色）
● 使用材料：織帶2.5 cm×200 cm、2.5 cm口型環2個、 2.5 cm日型環2個、強磁撞釘1組、磁釦2組
● 縫份說明：原寸，紙型縫份請外加1cm。
● 裁布說明：表布1尺、裡布1尺、配色布1尺。作法裁布尺寸已含縫份1cm。
作品完成尺寸：32cm×23cm×10 cm
● 紙型・D面

How to make

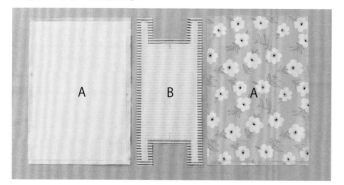

1 依紙型裁剪袋身表布A2片、 袋身表布B1片，皆需燙布襯，襯不含縫份。

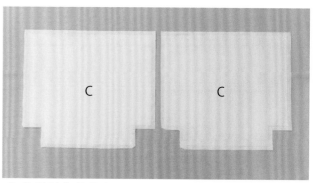

2 依紙型裁剪袋身裡布C2片，皆需燙布襯，襯不含縫份。

3 依紙型裁剪袋蓋表布、袋蓋裡布各1片，皆需燙布襯，襯不含縫份。

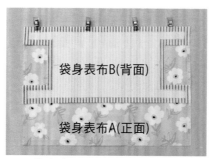

4 取袋身表布A1片與袋身表布B1片，正面相對，以強力夾固定後車縫。

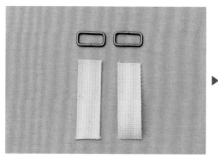

5 準備2.5 cm口型環2個、 2.5 cm織帶裁剪8 cm2條，將織帶穿過口型環，依紙型標示位置，車縫固定於另一片袋身表布A上方。。

6 將步驟4與步驟5正面相對，以強力夾固定後車縫。

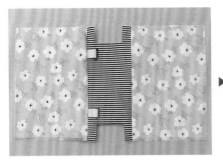

7-1 翻至正面。

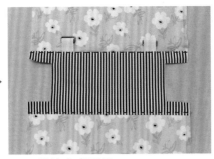

7-2 於接合處壓線。

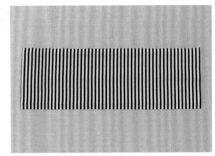

8 裁剪提把布10 cm×30 cm 1片，不需燙襯。

9-1 將布片對摺，燙出一條中心線。

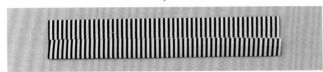

9-2 再將左右兩側向內摺，對齊中心線。

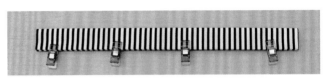

9-3 再對摺一次，以強力夾固定。

9-4 車縫兩側。

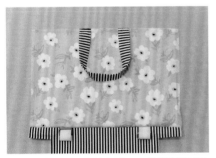

10 將車縫完成的提把，依紙型標示位置，固定於有織帶的袋身表布上。

11-1 將步驟10正面相對，以強力夾固定。

11-2 如圖車縫兩側。

11-3 車縫截角，翻至正面，即完成表袋身。

袋身裡布C(背面)

返口

12 袋身裡布C正面相對，以強力夾固定後，車縫兩側及底部，一側需留返口。

13 將步驟12兩側及底部縫份燙開後，車縫截角，即完成裡袋身。

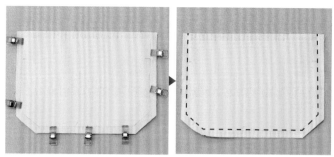

14 袋蓋表布、袋蓋裡布正面相對，以強力夾固定後，車縫一圈，上方不車縫。

Point 使轉角處縫份平整的方法

15 修剪轉角處縫份。轉角處縫份會較平整。

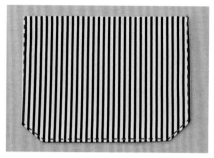

16 翻至正面後壓線。

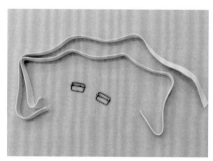

17 準備織帶2.5cm×92cm 2條，2.5cm日型環2個。

18 如圖先將織帶穿過日型環。

19-1 如圖將織帶一側穿過口型環。

19-2 再穿入日型環。

19-3 起頭處向內摺再車縫固定，另一條織帶以相同方式完成。

19-4 如圖先將一側織帶，以強力夾固定於表袋身。

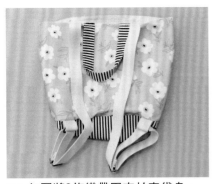

20 如圖將2條織帶固定於表袋身。

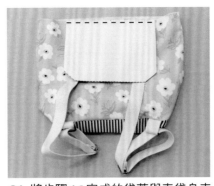

21 將步驟16完成的袋蓋與表袋身車縫固定。

22 依紙型標示磁釦位置後，裝上磁釦。

● **磁釦安裝方法請參考** ▶ **P.116。**

23 將表袋身套入裡袋身，袋口以強力夾固定後，車縫一圈。

24-1 將表袋身從裡袋身返口翻出，稍作整燙，將返口縫合。

24-2 袋口壓線一圈。

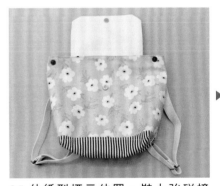

25 依紙型標示位置，裝上強磁撞釘，即完成作品。

● **強磁撞釘安裝方法請參考** ▶ **P.117。**

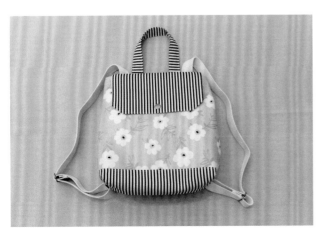

◼ 可學會滾邊技巧的簡易收納包
希望之鴿・萬用收納包

大尺寸的收納包，可愛又實用，使用滾邊方式收邊，讓布料的圖案更加顯眼。
與P.72斜背包作品可成為同系列的套組搭配。

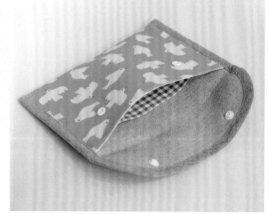

背面及裡袋以格紋布製作口袋，滾邊則選擇素
色布料，使整體畫面更加諧調可愛。

● 布料運用・棉布（翱翔）、水洗帆布（01白色）
　　酵素水洗棉布（406淺灰）
● 作品尺寸・21cm×14.5cm
● 紙型・D面
● How to make・P.94 - P.96

黃色總是給人鮮明的視覺印象，搭配稍暗的灰色，使作品帶點低調氣息，選用純白色的四合釦，製造小小的設計亮點。

酵素水洗棉布（406淺灰）

水洗帆布（01白色）

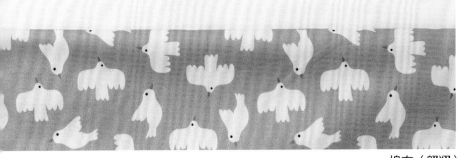

棉布（翱翔）

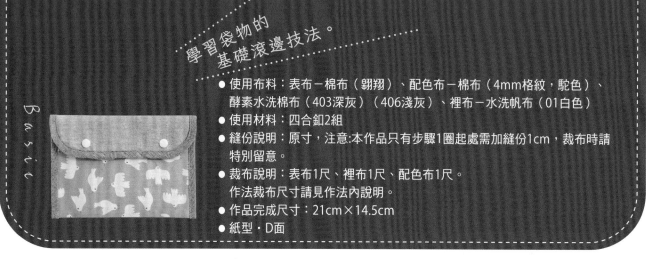

學習袋物的
基礎滾邊技法。

Basic

● 使用布料：表布－棉布（翱翔）、配色布－棉布（4mm格紋，駝色）、
　酵素水洗棉布（403深灰）（406淺灰）、裡布－水洗帆布（01白色）
● 使用材料：四合釦2組
● 縫份說明：原寸，注意:本作品只有步驟1圈起處需加縫份1cm，裁布時請
　特別留意。
● 裁布說明：表布1尺、裡布1尺、配色布1尺。
　作法裁布尺寸請見作法內說明。
● 作品完成尺寸：21cm×14.5cm
● 紙型‧D面

How to make

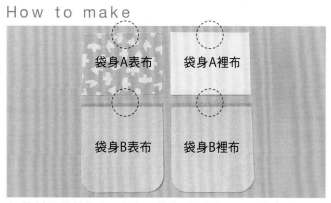

袋身A表布　袋身A裡布

袋身B表布　袋身B裡布

1 依紙型裁剪袋身A表布、袋身A裡布各1片，袋身B表布、袋身B裡布各1片。（畫圈圈處布需留縫份）（以上皆需燙襯，襯不留縫份）

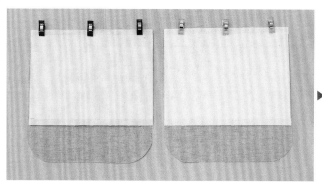

2-1 袋身A表布與袋身B表布正面相對，袋身A裡布與袋身B裡布正面相對，以強力夾固定。

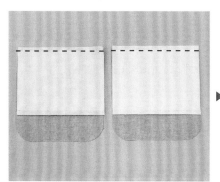

2-2 如圖車縫接合。

2-3 縫份燙開。

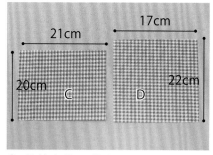

21cm

17cm

20cm　C　　D　22cm

3 裁剪表後口袋C21cm×20cm 1片、裡口袋D17cm×22cm 1片。

4 將口袋C20cm處對摺，上方車縫後，翻至正面，接合處壓線。

5-1 將口袋D上下摺1cm。

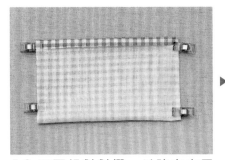

5-2 正面相對對摺，以強力夾固定。

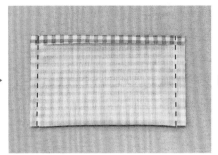

5-3 如圖車縫兩側。

5-4 翻至正面。

5-5 對摺處壓線。

6 將口袋C放在步驟2袋身表布上，依紙型標示位置，對齊記號線，車縫U型。

7 將口袋D開口處向下放在步驟2袋身裡布上，車縫U型。

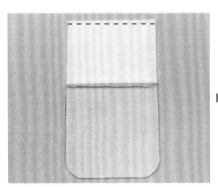

8-1 將步驟6及步驟7正面相對車縫。

8-2 縫份燙開。

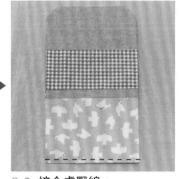

8-3 接合處壓線。

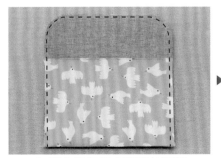

9-1 如圖向袋身裡布對摺並疏縫。

9-2 修剪多餘的布料。

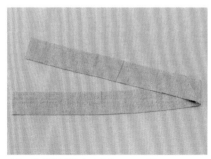

10 裁剪滾邊布4.25cm×65cm。

Point

使滾邊收邊
完美的方法

表後口袋

11-1 將滾邊布車縫於步驟 9 的正面。

11-2 將車縫完成的滾邊布，對摺再對摺後，以強力夾固定。

11-3 以熨斗整燙。

11-4 車縫固定。
● **滾邊作法請參考 ▶ P.114。**

12 依紙型標示畫出四合釦位置。

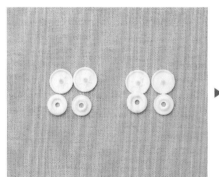

13 準備四合釦2組，釘上四合釦，即完成作品。
● **強磁撞釘安裝方法請參考 ▶ P.117。**

■ 運用簡易摺布技法製作有隔層的中夾

森林小徑・存摺包

運用簡單的摺布方法，即可作出附有夾層的中夾，
是我很喜歡的一種作法，這款小包是初學者也能完成的實用小物，
選用自己喜愛的圖案布試著作作看吧！

背面以主體的圖案布延伸，隔層口袋亦選用同片圖案布，搭配格紋及素色，營造柔和整體感。

配色
design
言究事

- 布料運用・棉布（草原風景，黃色）
  棉布（4mm格紋，駝色）
  仿古棉布（淺珊瑚紅）
- 作品尺寸・20cm×12.5cm
- 紙型・D面
- How to make・P.99- P.103

選擇與花布搭配的布料時，若覺素布太單調，運用格紋布也是一個不錯的選擇，可讓作品增加活潑感，更添文青氣質。

棉布（草原風景，黃色）

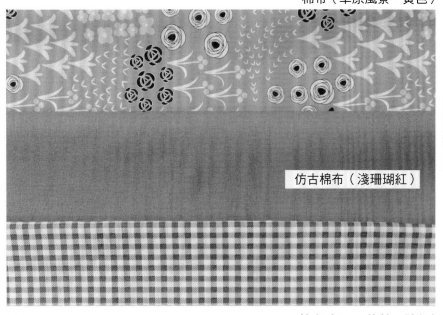

仿古棉布（淺珊瑚紅）

棉布（4mm格紋，駝色）

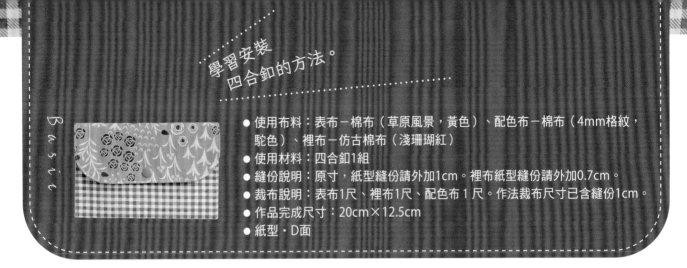

學習安裝
四合釦的方法。

Basic

● 使用布料：表布－棉布（草原風景，黃色）、配色布－棉布（4mm格紋，駝色）、裡布－仿古棉布（淺珊瑚紅）
● 使用材料：四合釦1組
● 縫份說明：原寸，紙型縫份請外加1cm。裡布紙型縫份請外加0.7cm。
● 裁布說明：表布1尺、裡布1尺、配色布1尺。作法裁布尺寸已含縫份1cm。
● 作品完成尺寸：20cm×12.5cm
● 紙型・D面

How to make

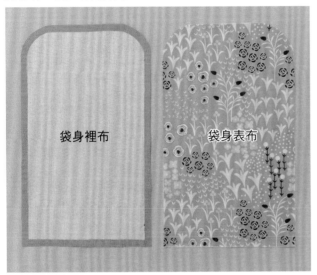

1 依紙型裁剪袋身表布、袋身裡布各1片。皆需燙布襯（襯不含縫份）。此處的裡布縫份留0.7cm，可在車縫翻出後，使裡布較為平整。

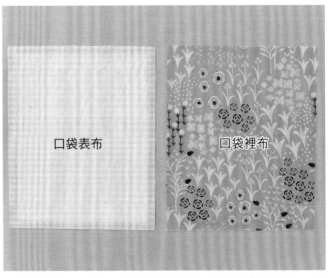

2 裁剪20cm×24cm裁剪口袋表布、口袋裡布各1片，皆需燙布襯（襯不含縫份）。

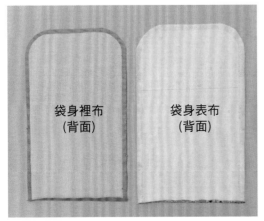

3 將袋身表布、袋身裡布下方縫份，沿著布襯邊緣向內摺燙。

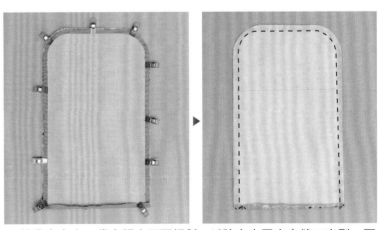

4 將袋身表布、袋身裡布正面相對，以強力夾固定車縫ㄇ字型，下方不車縫。

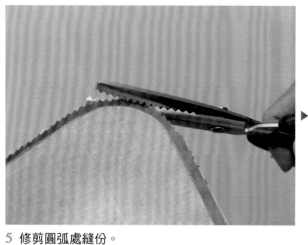

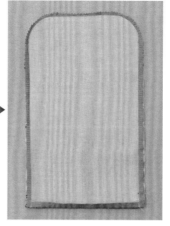

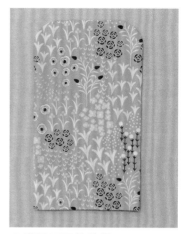

5 修剪圓弧處縫份。

6 翻至正面後整燙。

口袋裡布　　　　口袋表布

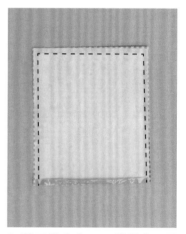

7 下方壓線。

8 將口袋表布、口袋裡布下方縫份向內摺燙。

9 將口袋表布、口袋裡布正面相對，以強力夾固定車縫ㄇ字型，下方不車縫。

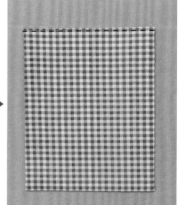

10 剪掉轉角處縫份。

11 翻至正面整燙，開口處壓線。

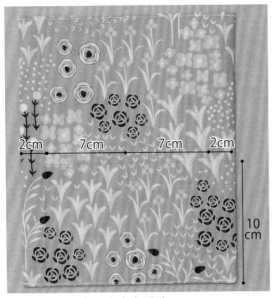

2cm　　7cm　　　7cm　　2cm

10 cm

12 如圖在口袋裡布畫上記號。

13 將袋身表布及口袋表布正面相對，依記號線車縫固定。

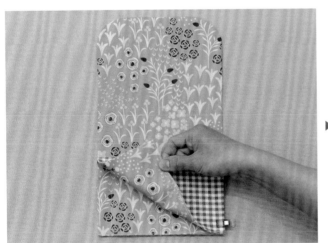

14-1 將口袋向下對摺。

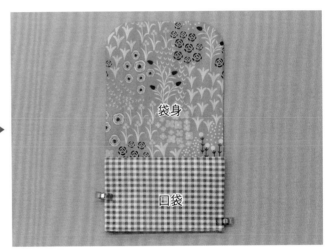

袋身

口袋

14-2 以強力夾固定口袋布。

Point

使裡布
平整的方法

裡布縫份留0.7cm，
車縫翻出後，裡布
會較為平整！

口袋
表布(正面)

袋身
表布(正面)

袋身裡布
(正面)

15-1 如圖將袋身向袋身裡布摺。

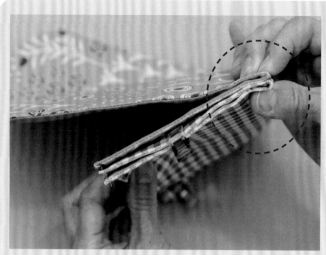

15-2 將袋身與口袋對齊。

15-3 以強力夾固定袋身。

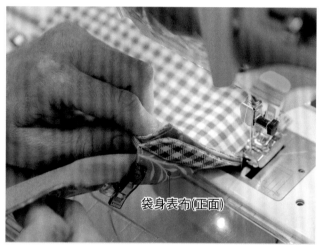

袋身表布(正面)

16 先車縫其中一側口袋處，注意請勿車縫到袋身。

袋身表布(正面)

口袋表布(正面)

17 再車縫另一側，注意請勿車縫到袋身。

18-1 以強力夾固定袋身。

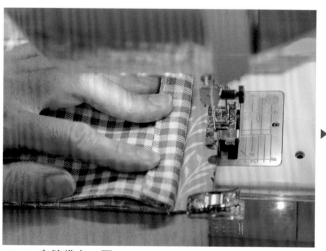

18-2 車縫袋身一圈。

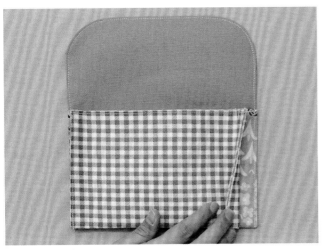

18-3 車縫完成。

19 依紙型畫上四合釦記號。

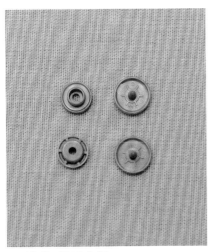

21 準備1組四合釦。

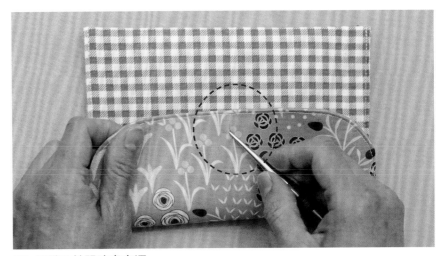

20 以錐子於記號處穿洞。

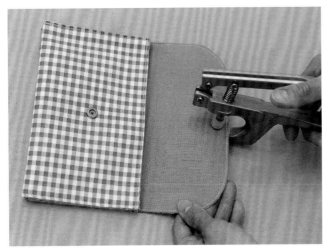

22 壓上四合釦。●**四合釦安裝方法請參考** ▶ **P.118。**

23 作品即完成。

製作前的小提醒

■本書收錄作品紙型皆為原寸，除了特別標示的作品之外，紙型縫份請外加1cm。

■本書收錄作法裁布尺寸皆已含縫份1cm。

■製作包包時，請搭配書內基礎技法教學&說明P.105至P.119介紹搭配應用。

初學手作包
一定要知道的基礎用語

1 **正面相對**
2片布對齊時,正面對正面的狀態。

2 **背面相對**
2片布對齊時,背面對背面的狀態。

3 **返口**
在縫製袋物或口袋時,為了要翻回正面而保留不縫的開口。

4 **疏縫**
為了不讓布料或配件位置移動,而暫時固定的縫線,由於將縫線車縫在縫份內,所以不需再拆除。

5 **壓線**
表布+舖棉+裡布三層重疊車縫。

6 **回針**
車縫時,起頭及結尾重覆車縫2至3針。

7 **直布紋**
沿著布邊的平行方向即為直布紋。

8 **橫布紋**
與布邊垂直的方向即為橫布紋。

9 **斜布紋**
斜角45度即為斜布紋。

10 **滾邊**
處理收邊的方法之一,以斜布條包住布料周圍車縫固定。

11 **縫份**
在縫紉過程中,為縫合布片而在實際尺寸線外側預留的布。

12 **已含縫份**
是指已在實際尺寸線外多留布(通常為1cm或0.7cm)

13 **未含縫份**
指實際尺寸線外未多留布。

14 **縫份倒向**
以熨斗輔助,將縫份倒向一側。使布料背面平整。

15 **點到點車縫**
車縫側身時,車點到點,使其與袋身車縫接合時,轉角處能夠容易轉彎。

基本工具介紹

1 **布鎮**：以布鎮壓住布或紙型，尺寸才不易偏移。

2 **強力夾**：車縫袋物時，可暫時固定要縫製的布料，
非常方便。

3 **車線**：依縫製的布料選擇粗細及顏色。

4 **布剪**：剪布料時使用，有長短之分。

5 **線剪**：車縫結束，用來剪上線及下線。

6 **鋸齒剪刀**：修剪弧度處縫份。

7 **切割刀**：裁切布料（需與切割尺，切割墊搭配使用）

8 **熨斗定規**：用來熨燙記號線。

9 **切割尺**：放置在布料上裁切布料（需與切割刀，
切割墊搭配使用）

10 **記號筆**：在布料上作記號方便車縫，依功能分類
有水消、氣消、熱消。

11 **目打**：在車縫時壓住布料，使布料不易歪斜，或
是拆線，將布料挑出時使用都很方便。

12 **穿帶器**：可夾住皮繩，輕鬆穿過布料。

13 **拆線器**：縫製錯誤時，可用來將線拆除。

14 **切割墊**：裁切布料時，將布料放置在切割墊上，
才不會破壞桌面（需與切割刀，切割尺搭配使用）

15 **單膠棉**：壓線時搭配使用，使布料有蓬鬆感。

16 **布襯**：製作袋物時搭配使用，可使袋物較挺。

■工具提供／CLOVER (株)　商品協助／隆德貿易有限公司

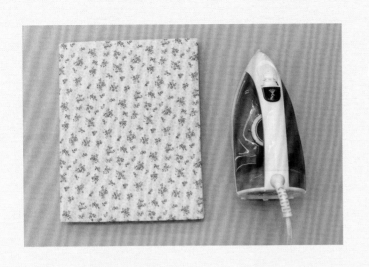

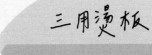

便於收納，實用性
高的便利工具，裁
布、畫布兩相宜。

三用燙板展開圖

對摺時為A4大小，展開時則為2倍，一面為燙板，另一面為畫布板及切割墊。

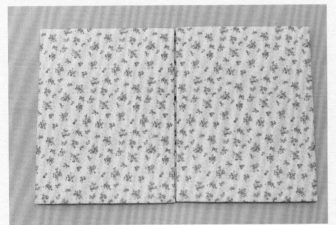

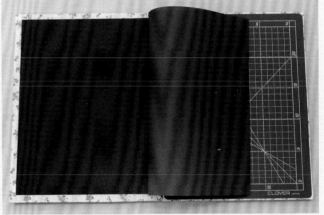

縫份倒向的方法

以熨斗輔助，將縫份倒向一側。一般來說，縫份皆倒向
深色，或是想要特別表現哪一塊花色，也可將縫份倒向
該片花布。

認識布紋

布紋方向：直布紋

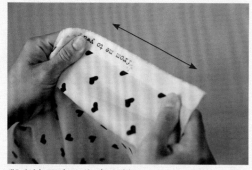

與布邊同方向為直布紋。

布紋方向：斜布紋

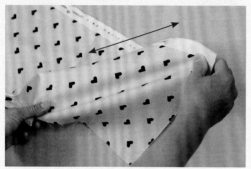

與布邊方向呈現45度為斜布紋。

布紋方向：橫布紋

與布邊方向垂直為橫布紋。

認識布紋

Point

為避免包包兩側變形，畫布裁布時，請畫在直布紋方向。

裁布的方法

使用剪刀裁布

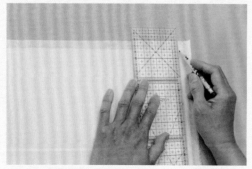

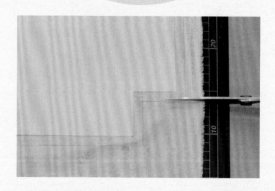

以尺在布襯周圍畫出1cm縫份，以剪刀剪下。

使用切割刀裁布

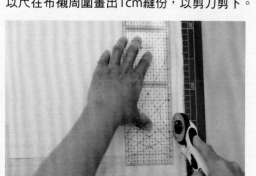

將切割尺放在布襯上（多加1cm），以切割刀裁下。

描繪紙型

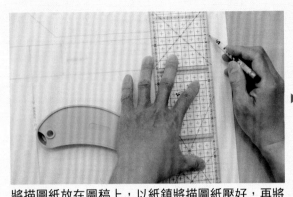 

將描圖紙放在圖稿上，以紙鎮將描圖紙壓好，再將　　將畫好的紙型，以剪刀沿線剪下。
圖案描下。

如何畫正反板

當紙型具有弧度時，需注意紙型的正反面，以紙　　完成正反板的裁布。
型的正面放在布的背面上畫線即為正板，相反則
為反板。

如何畫摺雙紙型

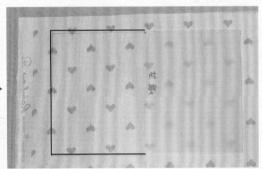

將紙型放在布的背面，沿著紙型畫線（摺雙處即　　再將紙型對齊中心點後，翻至背面。
為中心點）。

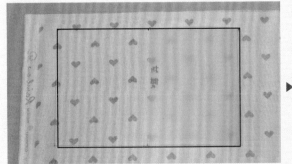 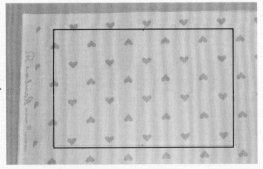

依相同作法，畫出另一側。　　摺雙紙型即繪製完成。

如何畫布襯

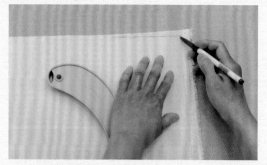 

將紙型放在布襯上（沒有膠的那面），沿著紙型畫線，畫好後，將布襯剪下。

如何燙布襯

將布襯有膠的那面放置在布料背面，四周需留縫份的位置，再以熨斗整燙。

熨燙布襯時，可將熨斗放在相同位置2至3秒，再移動至下一個位置，請勿以熨斗用力推燙布襯。

以燙舖棉加上布襯，使布料更加蓬軟的方法

1 先以熨斗燙布的背面，布料需保持熱度。

再將單膠棉有膠面朝下，與布的背面稍微接著。

2 翻至布的正面，以熨斗熨燙。切勿重壓，以免舖棉扁掉，只需輕輕帶過即可。

翻至背面，再將布襯有膠的那面，放置於舖棉上，以熨斗熨燙。

縫合返口的方法（對針縫）

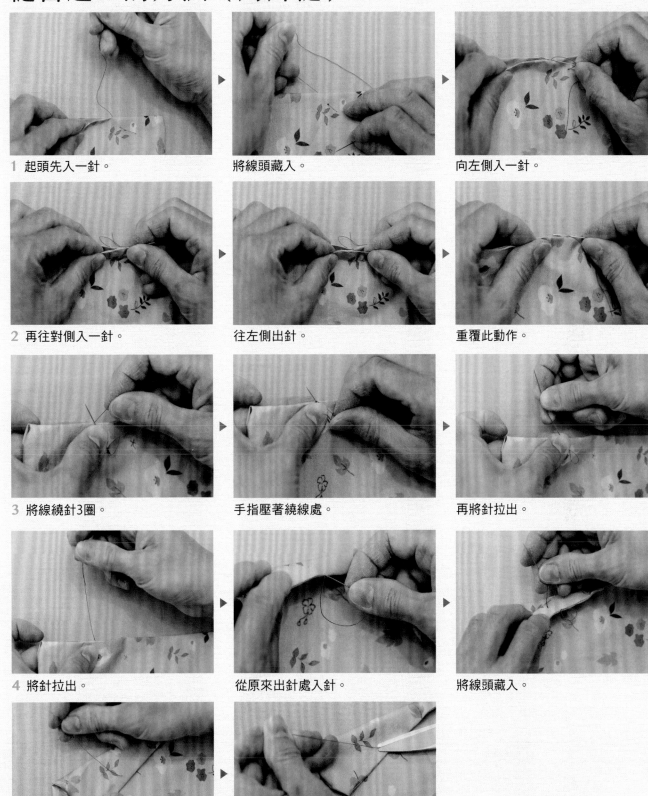

1 起頭先入一針。

將線頭藏入。

向左側入一針。

2 再往對側入一針。

往左側出針。

重覆此動作。

3 將線繞針3圈。

手指壓著繞線處。

再將針拉出。

4 將針拉出。

從原來出針處入針。

將線頭藏入。

5 將線剪掉，即完成返口縫合。

認識縫紉機

■速度控制鍵：用來控制車縫的速度
■幅度調整鍵：調整針目寬度
■密度調整鍵：調整針目長度
■針位調整鍵：車縫時，可用來調整針位向左或向右，調整縫份的寬度。

■自動剪線：車縫結束時，按自動切線鍵可將線剪掉。
■回針鍵：車縫開始或結束時，按回針鍵，會往回車縫，加強固定布料，使布料較不易鬆開。

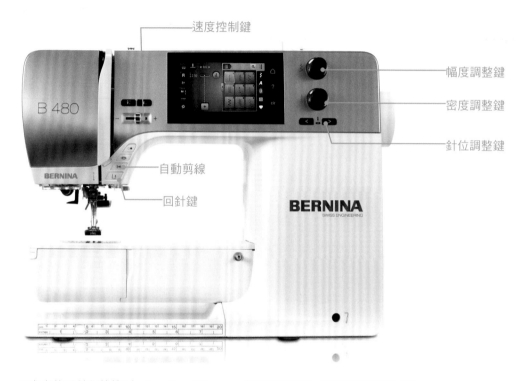

速度控制鍵
幅度調整鍵
密度調整鍵
針位調整鍵
自動剪線
回針鍵

B 480

BERNINA
SWISS ENGINEERING

●本書使用縫紉機機型：Bernina_480　　●縫紉機提供／隆德貿易有限公司

本書使用的壓布腳

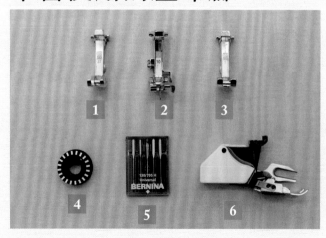

1 **1/4拼布直線壓布腳**：用來車縫直線，針目會較平穩整齊。不可車縫其他花盤。

2 **邊緣壓布腳**：車縫布料接合處的壓線可輕鬆對齊。

3 **萬用壓布腳**：一般車縫時使用。

4 **梭子**：捲下線使用。

5 **車針**：依布料厚度選擇粗細。

6 **均勻送布齒**：車縫舖棉時使用。

基礎車縫技巧

車縫時，雙手輕輕的放在作品上即可，手不要去推作品

車縫時，轉動幅度調整鈕，即可調整針目的寬度。

開始車縫後，2至3針可按住回針鍵，便會往回車縫，此時再放掉回針鍵，會再往前繼續車縫，此動作稱作回針，通常在起頭結尾處使用，加強固定。

在布料上壓線的方法

▼

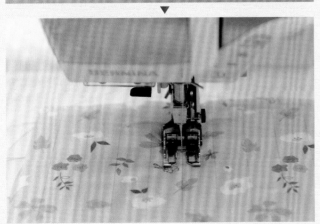

在布料畫上線條，使用均勻送布齒車縫，即可完成布料壓線。

點到點的車縫方法

從左邊的紅點1開始車縫(不可超過)，車縫2至3針後，回針到紅點1，繼續車縫至紅點2，回針2至3針，再回到紅點2。車縫側身時，以車縫點到點的方式，可使其與袋身車縫接合時，轉角處更加容易轉彎。

如何裁剪滾邊

1 將橫布紋處往直布紋處斜摺45度。

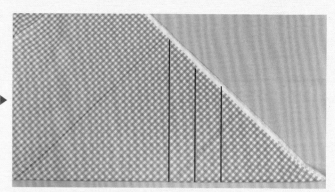

每4cm畫一條線並裁剪,即完成滾邊布條。

車縫滾邊的方法

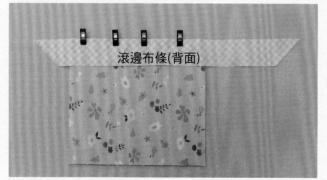

滾邊布條(背面)

1 將滾邊布條以強力夾固定於已舖棉的布片上。

將壓布腳沿著布邊車縫,縫份為1cm。

車縫完成。

2 如圖將滾邊條翻至另一面摺起,沿著布料邊緣對摺一次。

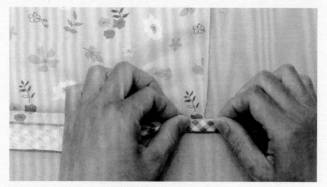

再對摺一次,將滾邊條蓋住車縫線。

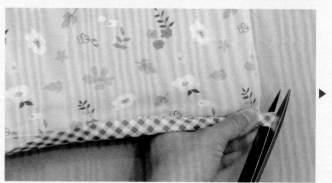

3 於尾端剪斜角。

修剪完成的細部圖。

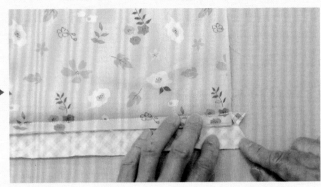

打開滾邊條。

4 將尾端摺入。

將滾邊條沿著布料邊緣對摺一次。

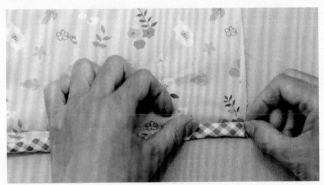

再對摺一次,將滾邊條蓋住車縫線。

5 以強力夾固定後,車縫,完成收邊。●通常滾邊是在壓完線後製作,此處因只示範滾邊技巧,故布片無壓線。

完成滾邊。

磁釦的安裝方法

準備材料：
磁釦一組，內容為一
凸一凹及2個鐵片。

1 在欲裝磁釦處如圖畫出
中心點。

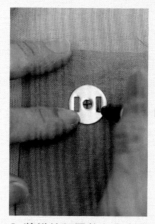

2 將鐵片如圖放在布上畫出記號。

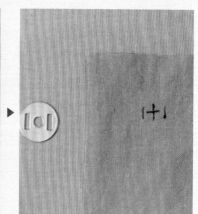

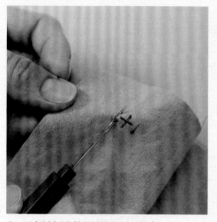

3 以拆線器裁開兩側畫線處。

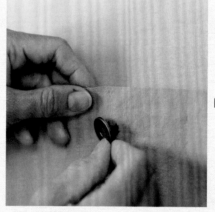

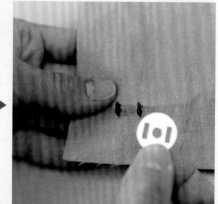

4 再將凹的磁釦插入，翻至背面，將鐵片放上。

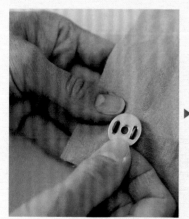

5 將磁釦往兩側壓下，即完成安裝磁釦。

強磁撞釘的安裝方法

準備材料：強磁撞釘一組有4個，2個為正面平滑，背面用來穿入布料的撞釘，另外2個為一凸一凹，敲打用的底座也為一凸一凹。

1 以打洞器在布料上敲一個孔。

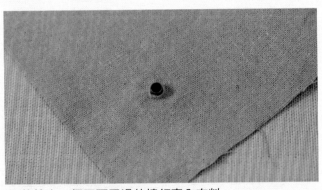

2 將其中一個正面平滑的撞釘穿入布料。

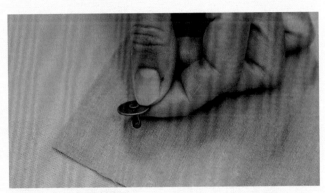

3 放上一片凸的撞釘。

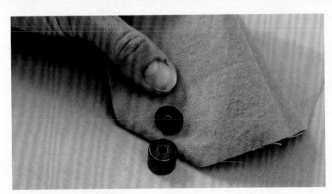

4 放在凹型的底座上。

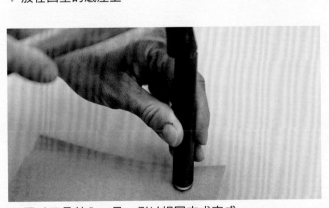

5 再以工具敲入，另一側以相同方式完成。

四合釦的安裝方法

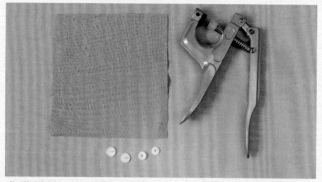

準備材料：四合釦一組有4個，2個有尖端用來穿入布料，另外2個為一凸一凹，壓台分有手持式及桌上型。

1 取有尖端的其中一片，先穿過布片。

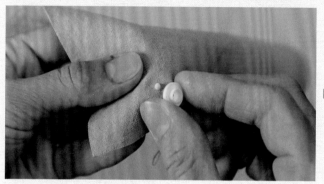

2 放上凸的一片。

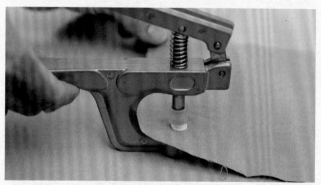

3 再用壓台壓緊。建議可放在桌面上操作，重心較穩，不易歪斜。

4 安裝完成。

雞眼釦的安裝方法

準備材料：敲打雞眼釦需先用打洞器在布上打洞，因布料有彈性，所以打洞器需選擇比雞眼本身尺寸略小。雞眼釦尺寸很多，每個尺寸皆需對應相同尺寸的底座及工具。

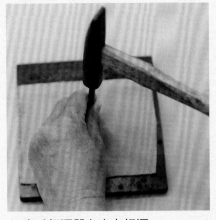

1 先以打洞器在布上打洞。

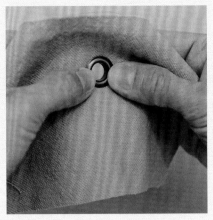

2 如圖裝上雞眼釦。

將雞眼釦放至底座上。

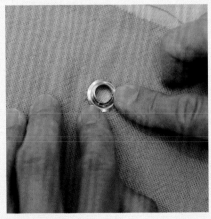

翻至背面，將鐵片放上。

3 再使用鐵鎚將雞眼釦敲入，即完成雞眼釦安裝。

本書使用布料索引

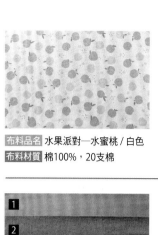

布料品名 水果派對—水蜜桃 / 白色
布料材質 棉100%，20支棉

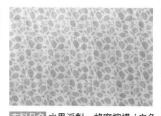

布料品名 水果派對—蜂蜜檸檬 / 白色
布料材質 棉100%，20支棉

布料品名 Neutral Soft 15 Patch
布料材質 棉100%，20支棉

布料品名 Neutral Soft 15 Patch
布料材質 棉100%，20支棉

布料品名 1 輕柔棉麻 / 芥末綠
布料材質 棉45%＋麻16%＋縲縈 39%

布料品名 2 酵素水洗棉布 / 403深灰
布料材質 棉100%，20支棉

布料品名 3 仿古棉布 / 19鋼青色
布料材質 棉100%，10支棉

布料品名 4 水洗帆布 / 01白色
布料材質 棉100%，七安帆布

布料品名 清新格紋 / 駝色
布料材質 棉100%，40支棉

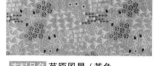

布料品名 草原風景 / 黃色
布料材質 棉100%，20支棉

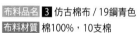

布料品名 4mm格紋 / 駝色
布料材質 棉100%

布料品名 仿古棉布 / 10淺珊瑚紅
布料材質 棉100%，10支棉

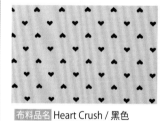

布料品名 Heart Crush / 黑色
布料材質 棉100%，20支棉

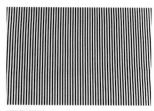

布料品名 2MM條紋布 / 黑色
布料材質 棉100%，40支棉

布料品名 1 酵素水洗棉布 / 406 淺灰
布料材質 棉100%，20支棉

布料品名 2 2MM條紋布 / 黑色
布料材質 棉100%，40支棉

布料品名 3 酵素水洗棉麻 / 05灰玫粉
布料材質 棉45%，麻55%

布料品名 4 水洗帆布 / 04 鐵灰
布料材質 棉100%，七安帆布

布料品名 酵素水洗棉布 / 403深灰
布料材質 棉100%，20支棉

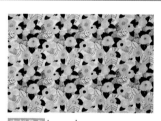

布料品名 Lavender
布料材質 棉100%，20支棉

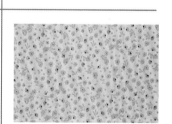

布料品名 明天的約會 / 粉色
布料材質 棉100%，20支棉

布料品名 酵素水洗棉布 / 415寶藍
布料材質 棉100%，20支棉

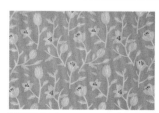

布料品名 百合
布料材質 棉100%，20支棉

the cozy
HOME & FABRIC

布料品名 **1** 水洗帆布 / 7卡其
布料材質 棉100%，七安帆布

布料品名 **2** 花花市集 / 淺灰
布料材質 棉100%，20支棉

布料品名 **3** 仿古棉布 / 29淺卡其
布料材質 棉100%，10支棉

布料品名 **1** 酵素水洗棉布 / 406淺灰
布料材質 棉100%，20支棉

布料品名 **2** 水洗帆布 / 01白色
布料材質 棉100%，七安帆布

布料品名 **3** 韓國布 / 翱翔
布料材質 棉100%，20支棉

布料品名 **1** 酵素水洗棉布 / 01粉橘色
布料材質 棉100%，10支棉

布料品名 **2** Rose Cottage/灰色
布料材質 棉100%，20支棉

布料品名 **3** 酵素水洗棉布 / 406淺灰
布料材質 棉100%，20支棉

布料品名 **1** 仿古棉布 / 10淺珊瑚紅
布料材質 棉100%，10支棉

布料品名 **2** Lala Sweet / 藍色
布料材質 棉100%，20支棉

布料品名 **3** 酵素水洗棉布/403 深灰
布料材質 棉100%，20支棉

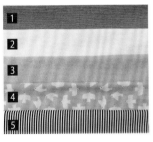

布料品名 **1** 水洗帆布 / 03駝色
布料材質 棉100%，七安帆布

布料品名 **2** 水洗帆布 / 01白色
布料材質 棉100%，七安帆布

布料品名 **3** 酵素水洗棉麻 / 03原胚色
布料材質 棉45%，麻55%

布料品名 **4** 翱翔 / 黃色
布料材質 棉100%，20支棉

布料品名 **5** 2MM條紋布 / 黑色
布料材質 棉100%，40支棉

布料品名 **1** 花花市集 / 粉色
布料材質 棉100%，20支棉

布料品名 **2** 水洗帆布 / 01白色
布料材質 棉100%，七安帆布

布料品名 **3** 2MM條紋布 / 黑色
布料材質 棉100%，40支棉

布料
小知識

韓國布料小知識

■素布類
韓國素色布種類相當多樣化，棉布、水洗棉布、水洗棉麻、有機棉、雙層紗、泡泡布，皆採用韓國第一大廠〈大韓紡織〉所生產之布料，手感細緻，色牢度高，且經過認證。

■印花類
韓國印花布，規格多為20支棉布底，幅寬110cm，手感細緻舒適，厚薄度適中不易透，製作洋裁、袋物都很適合選用。

本書中的包大部分的表布都為韓國花布貼上厚布襯，裡布搭配棉麻布+厚襯，使包包較有挺度，書中教學作品Lesson10〈個性甜心・愛心壓線手提包〉則是在表布燙上舖棉，再加上厚布襯壓線，使包包製造出蓬鬆卻又有點挺度的質感，推薦您可以試試這樣的作法。

■本書使用布料相關洽詢／The Cozy樂可布品

資深設計師的製包創意應用心法
20 款包包 ✕ 7 款口袋設計

> 由一個包款延伸的設計點子，
> 利用相同作法，使用紙型不同，
> 就能作出另一個包款的魔法，
> 是我在創作時，
> 發現趣味的製包理念。

Eileen Handcraft
手作言究室

20 個包款
版型全收錄

內附 2 大張紙型

簡約至上！設計師風格帆布包
手作言究室的製包筆記
Eileen 手作言究室◎著

平裝 128 頁／21cm✕26cm ／全彩／定價 580 元

布 能 布 玩
sew la vie

進口
布料

手作
工具

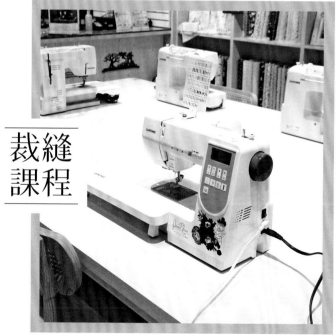

裁縫
課程

布能布玩
三井LaLaport門市

LINE

一起享受手作美好時光

Clover 台灣總代理　隆德貿易有限公司

台北迪化店	台北市大同區延平北路二段53號	(02)2555-0887
台中河北店	台中市北屯區河北西街77號	(04)2245-0079
高雄復興店	高雄市苓雅區復興二路25-5號	(07)536-1234
台中三井LaLaport店	台中市東區進德路600號3F（北館）	(04)2215-1878

官網改版 歡迎使用

EL 手作言究室 01

全圖超解析！
設計師的16堂手作包基礎課
實用配色技巧＋基礎技法＋製包重點，初學者完整實作指南

作　　者／Eileen 手作言究室
發 行 人／詹慶和
執行編輯／黃璟安
編　　輯／劉蕙寧・陳姿伶・詹凱雲
執行美編／陳麗娜
紙型排版／造極
攝　　影／Muse Cat Photography 吳宇童
美術編輯／周盈汝・韓欣恬
出 版 者／雅書堂文化事業有限公司
發 行 者／雅書堂文化事業有限公司
郵政劃撥帳號／18225950
戶　　名／雅書堂文化事業有限公司
地　　址／新北市板橋區板新路206號3樓
電　　話／(02)8952-4078
傳　　真／(02)8952-4084
網　　址／www.elegantbooks.com.tw
電子信箱／elegant.books@msa.hinet.net

國家圖書館出版品預行編目資料

全圖超解析!設計師的16堂手作包基礎課/Eileen手作言究室
著. -- 初版. -- 新北市 : 雅書堂文化事業有限公司,2023.11
　面；　公分. -- (手作言究室 ; 1)
ISBN 978-986-302-693-8(平裝)

1.CST: 手提袋 2.CST: 手工藝

426.7　　　　　　　　　　　　　　　　　112017185

2023年11月初版一刷　定價580元

經銷／易可數位行銷股份有限公司
地址／新北市新店區寶橋路235巷6弄3號5樓
電話／(02)8911-0825
傳真／(02)8911-0801

特別感謝
本書使用布料提供／The Cozy樂可布品
本書縫紉機、工具協助提供／隆德貿易有限公司
本書工具提供／CLOVER(株)
本書作法拍攝場地協助／布能布玩門市(台北迪化店)

全圖超解析!

設計師的16堂
手作包基礎課

Eileen Handcraft
手作言究室